食物製備原理

黃韶顏　曾群雄　倪維亞　著

五南圖書出版公司　印行

自序

　　食物由生食變成熟食是人類飲食生活中的一大進展，然而將食物烹調原理集結作為理論基礎，則是近百年之事。當人們了解食物烹調是有原理可依循時，就可變化、製作出不同的菜餚。近年來「分子廚藝」就因此誕生，人們利用不同的食材製作出與食材完全不相關的東西，讓飲食生活變得更有創意也更為豐富。

　　由於航空業發展快速，資訊傳達也很暢通，東西方的烹調方法也被各國運用。本書將東方與西方烹調方法做了解釋，希望讀者可以了解進而加以利用，使餐食更加多元化。各類食物的食材選購、烹調原理都不相同，希望讀者可以掌握其中的原理原則，就可隨意地變化餐桌上的菜單。

　　近年來食安風波不斷，其原因就是為了食物製作出來的成品口感、風味、色澤好，廠家因此添加了不合法的食品添加物。而其衍伸出的食安問題也引發社會動盪不安。所以，希望本書介紹一些基本知識，帶給讀者一些觀念，讓作菜的人可使用、判斷出合法的調味料，烹調出安全的食品。

　　總之，希望飲食生活是豐富的、安全的。製作者應秉持著良心做出安全的食品，使臺灣這座寶島上的飲食生活更多元、多變與安全。

作者

黃韶顏、曾群雄、倪維亞

CONTENTS
目　錄

第一章

緒　論

為使食物製備概念清楚，應先了解食物烹調的目的、水的重要性、熱傳導、蛋白質變性、食品褐變、食品標示與食品安全認證，現分述於下：

第一節　烹調之目的

食物由生變熟，使人類的壽命延長，烹調之目的如下：

一、殺死寄生蟲

食物經烹調將生食物的寄生蟲殺死，尤以豬肉含有旋毛蟲需加熱至85℃以上才能將旋毛蟲殺死。

二、幫助食物為人體消化吸收

食物中含有蛋白質、脂肪、醣類、維生素、礦物質，經高溫烹調食物中的蛋白質因熱而凝固，膠質水解溶於湯中，礦物質如鈣、磷釋出，易於為人體消化吸收。

三、融合各種材料的風味，產生了複合的美味

各種食物的風味，經烹煮後融合形成複合式的味道，如製作不同口味的高湯，則以不同食材作組合，經烹煮後形成美味可口的餐食。

四、菜餚色彩與外形產生變化

加熱得宜使得菜餚有更多元的變化，不同食物混合，產生多元的色彩，經切割花形產生各種形態。

第二節　水的重要性

水為生物生存重要的成分，對食品而言，水的沸點為100℃，冰點

為0℃，在4℃時密度最大，體積最小，不同食品中含有不同比例的水分。

一、水在食品中之功用

(一)溶解食品中的蛋白質、多醣類形成膠體：水在食品中與蛋白質、醣結合，使食品有良好的質地。

(二)減少水分可保持食品之安定性：減少食品中的水分可使食品免被微生物汙染，達到防止腐敗的作用。

如穀類水分降至12%以下，蔬菜水果降至5%以下，魚肉類降至3%以下，可延長食品的儲存時間。

(三)水促成了化學變化：如茶葉、咖啡需溶入水中才會有香味，發粉、酵母粉放入水中才會產生化學變化。

(四)水分子快速震動產生熱能：微波爐就是利用水分子每秒24億5千萬次的震動，使食物變熟。

二、食品中水存在狀態

水以自由水（Free water）與結合水（bound water）之狀態存在食品中。

(一)自由水：食品中的自由水它可溶解食品中的成分，自由水含量高，微生物容易繁殖，則食品容易變質。

(二)結合水：又稱為水合水，它與食品成分之官能基如COOH、NH_2、OH結合。

微生物不能利用，食品經乾燥、冷藏、冷凍時會影響到結合水，使蛋白質產生變性，降低食品的品質。

三、水活性（water activity）

水活性Aw是密閉食品之水蒸氣壓（P）與同溫度下，純水的飽和蒸氣Po壓之比值。

$$A_W = \frac{P}{Po}$$

因此純水的水活性為1，米之水活性約0.6～0.64，蔬果之水活性約0.98～0.99，魚類、肉類的水活性約0.98。酵母在食品水活性0.88以上可生存，細菌在食品水活性0.9～0.99可生存，黴菌在食品水活性0.7～0.8可生存。因此米的水含量降到13～14%時，水活性0.6，可長久儲放，當米的水分含量超過14%時，水活性則0.7～0.73，就會有黴菌成長，導致米發霉。

降低水活性可使微生物不容易繁殖。

(一)降低水活性的方法

　　1. 將食品乾燥除去水分。

　　2. 加鹽醃漬：如鹹魚。

　　3. 加糖糖漬：如蜜餞。

(二)水活性影響食品品質

　　1. 油脂水活性在0.7～0.8時，油脂的氧化速率變大，油脂水活性降到0.3時，油脂的氧化最安定，低於0.3時又增加其氧化速度，即控制油脂水活性在0.3時最安定。

　　2. 食品中的梅納反應以該食品水活性在0.7時反應最快速，因此如柿乾、薯片應控制其水活性在0.7以下，才不易引發褐變。

　　3. 酵素性褐變，如蔬果由多元酚引發的褐變發水活性在0.6以上最快速，因此應控制蔬果水活性在0.6以下，較少褐變。

第三節　熱傳導

食物由生至熟，藉由下列方式作媒介：

一、水

水加熱沸點是100℃，藉由水溫上升產生熱氣使食物變熟，如煮、

熬、煨、川、燙等方法。

二、油

油的沸點是200～300℃，食物放入熱油中，讓油的熱度使食物變熟，如煎、炸等方法。

三、蒸氣

食物藉由蒸氣的熱氣，最低溫度爲100℃，使食物變熟，如蒸包子。

四、鹽、糖或砂粒

利用加熱鹽、糖或砂粒，放入食物經鹽、糖、砂粒的熱度使食物變熟。

食物變熟受到食物大小、火候高低、烹調媒介影響，食物小、火候高時受熱容易熟。

爲了製作出色、香、味俱全的菜餚，在烹調時要選用好品質的食材、調味適合、掌握火候、正確識別油溫、出菜時機適當、裝盤要適當。

第四節　蛋白質變性

食品中的蛋白質經過物理性或化學性而改變蛋白質的外形，此爲不可逆的反應。物理性如溫度（加熱、低溫儲存）、機械處理、加壓、照射，形成水合物；化學性如改變酸鹼性、加入有機化合物，使得本來的食品降低了溶解度、保水能力改變、黏度增加，無法形成結晶。

一、物理方面

(一)溫度：食品中的蛋白質當加熱溫度升高10℃，加速蛋白質變性，當有水存在時會加速蛋白質變性。有些蛋白質在低溫時會聚集而產生沉澱，使蛋白質重新排列。

(二)機械處理：麵粉加水經過揉、扭、滾等處理，會使蛋白質改變特性。

（三）照射：含苯的胺基酸（酪胺酸、色胺酸、苯丙胺酸）經紫外線照射會改變蛋白質之外型，γ輻射會使胺基酸產生再聚合，而使蛋白質變性。

（四）形成水合物：蛋白質與水接觸使得親水性與疏水性調配得宜，而產生新的水合物。

二、化學性

（一）酸鹼值：大部分食品的蛋白質在一定pH值內穩定，當pH值過高或太低就會造成蛋白質變性，如牛奶在pH4.6就會形成凝塊。

（二）有機溶劑：有些有機溶劑會促成蛋白質的性質改變，產生變性。

第五節　食品的褐變

食品處理過程變成褐色或黑色稱為食品的褐變（Browning Reaction）。褐變分為二大類即酵素性褐變（Enzymatic Browning）與非酵素性褐變（Non-Enzymatic Browning）。現分述於下：

一、酵素性褐變

食品中如香蕉、蘋果、梨、洋菇、南瓜、棗子等含有酚酶（phenolase）如酪胺酸酶（tyrosinase）、甲酚酶（cresolase）、酚氧化酶（phenoloxidase）、多元酚氧化酶（polyphenoloxidase）、馬鈴薯氧化酶（potato oxidase）、甘藷氧化酶（sweet potato oxidase）。

由於食品中這些酚酶經氧化產生氧化還原反應，形成黑色素。如果是酵素引發的反應可用下列方法來抑制褐變。

（一）用熱水或蒸氣將酵素的活性抑制。

（二）使用二氧化硫，在蔬果呈真空狀況下，使用含有2～3%食鹽的二氧化碳，可有效的抑制褐變。

（三）加入抗壞血酸可減少被酚酶氧化，而抑制褐變。

㈣浸泡糖水、鹽水中，可讓蔬果脫水而抑制酵素性褐變。

二、非酵素性褐變

非酵素性褐變有梅納反應（The Maillard Reaction），焦糖化反應（Caramelization）。

㈠梅納反應

梅納反應是胺基酸與糖作用，導致食品形成褐變，此為Maillard所發現的反應，常發生在柿餅、牛奶（煉乳）、炸馬鈴薯片，即發生於濃縮或乾燥食品，此種褐變產生的化合物對產品的風味具有特殊效果。脫水馬鈴薯可用氯化鈣及亞硫酸氫鈣來阻止褐變，即將馬鈴薯先殺菁，在乾燥前噴灑氯化鈣或亞硫酸氫鈣。

㈡焦糖化反應

將蔗糖加熱，產生水解及脫水反應，產生異聚蔗糖，形成聚合反應即焦糖。常用於紅燒產品，如紅燒肉、紅燒魚、滷肉的焦糖色素。其反應為：

$$2C_{12}H_{22}O_{11}-4H_2O=C_{24}H_{36}O_{18}$$

㈢抗壞血酸之氧化

有些果汁如檸檬汁、柑橘果汁，維生素C含量高。抗壞血酸是還原劑被氧化成糠醛（furfural），再形成有色物質，產生不好風味。

對於非醇性褐變應採用下列方法：

㈠降低食品水活性：將食品水活性降低至0.5以下，最好用脫水方法使褐變變慢。

㈡降低儲存溫度：每降低10℃可使褐變降低1倍。

㈢用真空包裝：用真空包裝可降低梅納反應。

㈣降低pH值：為使梅納反應速度降低，應在食品脫水前調成酸性，再加入碳酸氫鈉調整pH值，降低pH值可有效控制褐變。

㈤加入鈣鹽：如馬鈴薯片中加入氯化鈣，可防止油炸後馬鈴薯片褐變。

第六節　食品標誌與安全認證

一、食品標誌

新的《食品衛生管理法》已於2013年5月31日正式三讀公布，針對食品風險管理、食品檢驗、查核、管制有特別規範。《食品衛生管理法》第8條，食品標示是指標誌於食品之容器、包裝及說明書上，應由產品負責廠商為之，正確的食品標誌包括品名、內容、名稱、重量、容積或數量、食品添加物名稱、廠商名稱、地址（輸入者需附加輸入廠商名稱、地址）、製造日期（年、月、日）。

消費者越來越注重食品的安全，因此食品標誌在行銷系統中扮演重要之角色。

二、食品安全認證

(一)正字標記

由經濟部核發，有正字標記代表產品經過檢驗，品質符合標準。

(二)良好作業規範

GMP（Good Manufacturing Practice），由經濟部工業局設置，現由臺灣GMP發展協會核發。是一種注重製造過程中，產品品質與衛生安全的制度，要求企業在硬體設備符合衛生要求，由原料、人員、設備、生產、包裝、運輸有一套衛生操作流程，軟體的文件有一套良好的管理系統。

(三)臺灣優良農產品

CAS（Certified Agricultural Standards）是指國產優良農產品標章認證，有15大類均以國產品為主，衛生與品質均符合標章。認證有1.肉品、2.冷凍食品、3.果蔬汁、4.食米、5.醃漬蔬果、6.即食餐

食、7.冷藏調理食品、8.生鮮食用菇、9.釀造食品、10.點心食品、11.蛋品、12.生鮮裁切蔬果、13.水產品、14.乳品、15.林產品。

(四)吉園圃安全蔬果標章

GAP（Good Agriculture Product），兩片葉子代表農業，三個圓圈代表此產品經輔導、檢驗、管制，即表示蔬果種植過程中農藥之使用經過管理、檢驗之程序。

(五)電宰衛生豬肉

電宰衛生豬肉標示表示豬肉合格電宰，衛生合乎標準。

(六)鮮乳標誌

是指乳品工廠向酪農收購合格的鮮乳，經衛生檢驗。

(七)水產品標章——海宴

代表臺灣海產來自大海，產品品質優良。

(八)羊乳標章

由中央畜產會抽驗，並由中華民國養羊協會定期採驗檢驗，確保羊乳品質符合衛生標準。

(九)產銷履歷農產品標章

TAP（Traceable Agriculture Product）即代表此產品是符合讓消費者安心、放心的產品。

(十)衛生自主管理OK標章

由臺北市政府核發，藉由衛生自主管理，給予消費者安心食用產品信心之標誌。

第二章

現代食品發展

第一節　食品標誌

依據《食品安全衛生管理法》第22條之規定，食品需有標示，包括品名、內容物、淨重、容積與數量、食品添加物名稱、製造廠家名稱、電話、住址、原產地、有效日期、營養標示、原料有基因改造需標示，經中央主管機關公告事項，現述於下：

一、品名

食品的名稱需與食品的品質相吻合，如食品為油或調和油，均需與內容物相同，若為重組肉應在品名上標示。

二、內容物

兩種以上材料混合時，需依含量高至低標示出來。

三、淨重、容積或數量

產品之固形物與液體需分開標明固體與液體之淨重或數量，當產品固形物與液體很難分離，則標明整體的淨重、容積或數量。

四、食品添加物

需標示各材料所使用的食品添加物名稱，不得以乳化劑、黏稠劑等修飾澱粉之名稱概稱之。

五、製造廠商之名稱、電話與住址

需標示製造廠家之名稱、電話與住址，如產品屬輸入之食品，需標示國內負責廠商之名稱、電話、住址。

六、原產地

產品若為輸入者，應標示輸入食品之原產地，若產品為混裝者，需

依各食品混裝比例由高至低，標示輸入國家與產地，如進口的番茄醬應以中文標示。

七、有效日期

於產品之外包裝標示有效日期，年、月、日。

八、營養標示

衛生福利部規定，2015年7月1日正式規定產品應標示每一份熱量（大卡）、蛋白質（公克）、脂肪（公克，包括飽和脂肪酸、反式脂肪酸）、碳水化合物（公克）、糖（公克）、鈉（毫克），其他宣稱之營養素，並將每份營養素占一天需求量之百分比算出來。

九、基因改造食品

若含有基因改造食品，應在外包裝上標示，以保障消費者權益。

十、其他經中央主管機關公告事項

包括調合油外包裝之規定，素食食品規定，蔬果飲料標明原汁含有率，米粉標明米含量之規定，等均需依中央主管機構之規定。

若不按照上述規定標示，經衛生機構檢驗，要求限期下架，並從重處罰。

第二節 食品添加物

食物經過烹調後保有原味，人們為使食物有更多樣的口味加了調味料。調味料有天然的與化學添加物，天然的如鹽、糖、蜂蜜，由於成本較貴，因此人們研發了化學添加物，只加少量可改變食物的風味、組織。

近年來，食品添加物的問題引起全國人民恐慌，立法院對食品安全加緊修法。

一、歷年來食品安全事件

表2-1 近五年來食品安全事件

時間	重大事件	修法內容
2008年9月	大陸進口奶粉含三氯氰胺事件。	增加食品安全管理專技證照人員。
2010年4～6月	真空包裝黃豆食品，造成肉毒桿菌中毒。	食品標示國內負責廠商或製造廠商。
2011年5～7月	塑化劑事件。	食品業者應建立產品追蹤及追溯制度。
2013年5月	順丁烯二酸澱粉。	加重罰則。
2014年10月	大統長基油品事件。	日強食品業者自主管理。
2014年7月	豆芳泡低亞硫酸鈉漂白。	
2014年9月	餿水油、回鍋油、飼料油混充食用油。	上市上櫃有規模之食品業者應設置實驗室，自主檢驗，不肖廠商自然人罰金最高2億，法人最高20億。
2014年12月	德昌黑胡椒豆乾違法添加工業用染料二甲基黃。	頒布26種致癌芳香胺物質違反食品添加物，增加新罰責6萬到2億罰款。

二、食品添加物之定義

2014年2月15日公告之《食品安全衛生管理法》第3條，明定食品添加物，係指食品之製造、加工、調配、包裝、運送、儲存等過程中用以著色、調味、防腐、漂白、乳化、增加香味、安定品質、促進發酵、增加稠度、增加營養、防止氧化或其他用途而添加或接觸於食品之物質。

2014年5月1日起，食品添加物製造、加工或輸入宗旨，應完成登錄，始得製造加工。2014年10月1日起，食品添加物販售業者，應完成登錄，始得販售。

三、食品添加物使用的目的

食品添加物使用目的如下：

(一)提高或增加食物的保存期限

早期食物中加糖、鹽主要將食物中多餘的水分去除，增加食物的保存期限。近年來化學添加物太多添加了少許劑量就可延長食物的保存期限，如加工肉製品不加亞硝酸鹽，肉品色澤不好，肉毒桿菌會成長，加了亞硝酸鹽則可抑制肉毒桿菌之成長，加工業者在兩難情況下常會添加。

(二)強化食品中的營養價值

廠商為了給不同年齡、不同疾病人的飲食，在食品中常添加了不同的營養素，如孕婦奶粉常填加了葉酸，銀髮族老人的飲食常填加鈣質。

(三)改善食品的外觀

食品長期保存會因氧化而褐變，如金針放久之後變黑，因此會加入二氧化硫使顏色變得更鮮黃色，豆芽泡低亞硫酸鈉漂白劑。

(四)改善食品的品質

如在澱粉中加入順丁烯二酸，使製作出來的食品更Q彈，在果汁中加入塑化劑保存果汁澄清品質，但這些均不合法，不能使用的添加物。

(五)特殊用途的添加物

如代糖可取代糖，使食品有甜味，二甲基黃加入豆乾可使豆乾有鮮豔的黃色亦不會退色，但它為工業用染劑，會造成人們肝、腎受損。

四、食品添加物之種類、使用、非法使用及造成身體的影響

現依各種食品添加物之種類使用、常用、非法使用，對身體造成的危害分述於下：

（一）防腐劑

爲有效保存食品，避免微生物造成腐敗，人們使用鹽、糖加入食品中。常用於水分含量高的食品，如醬油、果醬、豆類及醃製品，常見有丙酸、苯甲酸、去水醋酸，其中丙酸用於麵包及糕餅，用量每公斤2.5公克；去水醋酸用於乾酪、乳酪、奶油每公斤0.5公克以下。非法的如硼砂、福馬林、水楊酸會造成肝、腎負擔；苯甲酸過量會引起腹瀉、肚痛；山梨酸過量會致癌。

（二）漂白劑

常用於麵粉、乾貨、免洗筷漂白，如亞硫酸鹽及過氧化氫。非法使用如吊白塊、甲醛、螢光增加劑，會引發人過敏、噁心、嘔吐。

（三）著色劑

用於食品著色，增加食品色澤，如食用黃色4號、食用紅色6號等。非法如二甲基黃用於工業染色，加入豆乾增加豆乾之黃色；桃紅精、蘇丹紅、奶油黃均爲非法著色劑，會造成肝、腎壞死；紅色2號、紫色1號、鹽基性芥黃爲非法著色劑。

（四）調味劑

食品製造過程中給予食品鮮味（麩酸鈉）、甜味（木糖醇）、酸味（檸檬酸）增加食品風味，常用於蜜餞、餅乾、糖果，常具有檸檬酸、阿斯巴甜、L麩胺酸鈉等。非法使用如甘精，會影響腦部發育、致癌。

（五）抗氧劑

用於油炸、水產醃漬物、乾燥穀類，常用有BHA、抗氧化BHT、維生素E、維生素C，常用對眼睛、皮膚有刺激性，對肝、腎造成危害。

（六）品質改良劑

改良食物品質，如豆腐內加石膏、烘培產品加入去水醋酸鈉，使成品更Q感，但會對胃腸造成危害。

(七)保色劑

保持食品顏色，常用於肉類加工品，如在香腸、火腿內加入亞硝酸鹽，增加肉品顏色，吃多了易致癌。

(八)黏稠劑

常加入果凍、果醬、烘培食品、冰淇淋，增加食品之黏稠性，如果膠、阿拉伯膠、海藻膠。

(九)結著劑

常用於肉品、魚類增加其保水性、黏性，如磷酸鹽類、多磷酸鹽類，吃多會阻礙鈣的吸收。

(十)乳化劑

使水與油均勻混合，常加入麵糰製品、冰淇淋、巧克力，常用有脂肪酸甘油酯，如單酸甘油脂、磷酸鋁鈉等。

(土)膨大劑

增加食品體積，使食品產生蓬鬆效果，如碳酸氫鈉、小蘇打、發粉，加多了對食品無益，需有適合之量，加錯種類食品難以入口。明礬主要成分為硫酸鋁鉀，常加入黑糖糕、馬來糕、洋芋片、鬆餅粉、泡打粉，主要增加澱粉Q性。加入油條製作，增加油條之香脆性，吃多了鋁之食入量超標。

(土)香料

給予食品香味，常加於肉品、麵糰、飲料中如天然香辛料。化學香料種類繁多，加多了食品之原味消失，不合法香料會造成頭痛、暈眩、休克、死亡。

(圭)鮮味劑

近年來廠商研發了許多鮮味劑，增加湯之鮮度，吃多了對造成口乾舌燥，肝、腎負擔重。日本人在2013年以番茄、乳酪、蘑菇、玉米、青豆為原料，萃取出鮮味口感的鮮味劑，可減少人們對動物性食物的使用。

五、不同食品中常見的食品安全問題

不同食品中常見的食品問題如下：

(一)肉類

豬肉會有抗生素與瘦肉精；雞肉有抗生素及荷爾蒙；牛肉有口蹄症；雞、鴨、鵝有禽流感之問題。

(二)魚類

會有養殖池、孔雀石綠之問題，魚有福馬林及填加硼矽之問題。

(三)豆干、豆漿

會因使用基因改造之豆類、豆漿製作時添加消泡劑之現象，為使豆腐變白而添加了漂白劑，為使豆腐不易酸敗而添加過氧化氫。

(四)奶粉

添加三聚氰胺的奶粉，三聚氰胺是一種製造美耐皿餐具的工業塑膠原料，不肖廠家加入奶粉中長期食用會造成腎結石，引發尿毒，大陸三鹿奶粉添加了三聚氰胺，連續食用28天小孩會有腎結石的現象。

(五)麵粉及其他粉製品

為增加麵粉及粉類製品的口感，不肖廠家加了順丁烯二酸，順丁烯二酸為工業用黏著劑，不得加入食品中，吃多了會造成腎小管壞死，過量會造成胃衰竭，為了增加麵粉白度添加了漂白劑，亦是造成肝腎變損之因素。

(六)蛋糕、餅干

常在此類食品中加了反式脂肪、香料、色素，反式脂肪為氫化的植物油，它具有耐高溫，不易變質，存放久，口感酥鬆的特性，近年來的研究它為造成冠狀動脈心臟病原因之一。

(七)油脂

近年來不肖廠商用餿水去提煉成餿水油，從地溝取用地溝油，或在油中加銅葉綠素，在高溫下，銅會被釋放出來造成重金屬中毒。

(八)茶葉、花茶

茶葉、花芥被檢驗出含有殺蟲劑DDT。

(九)蔬菜、水果

蔬菜、水果被檢驗出含農藥。

第三節　有機農產品

一、有機農產品的發展

　　有機農業在1924年由德國人提倡，1935年日本提倡自然農法，1940年英美有機農業受到重視。臺灣在1986年才開始有機農業評估，1993年在中興大學成立中華永續農業協會，1996年農委會召開有機農產品認證方式的行政法規，1997年訂定《有機農產品標章使用試辦要點》，1999年訂立《有機農產品驗證輔導小組設置要點》，2000年訂立《有機農產品驗證機構申請及審查作業程序》。

　　2007年開始啓有產銷履歷產品、有機農產品、優良農產品之驗證標章。2009年，國際美育自然生態基金會、臺灣寶島優基農業發展協會、慈心有機農業發展基金會、臺灣省有機農業生產協會、中央畜產會、暐凱國際檢驗科技有限公司，中華有機農業協會、成功大學、中興大學、中天生物科技股份公司、國際品質驗證有限公司、環球國際驗證股份有限公司爲驗證機構。

　　隨著科技進步，爲了增加產量與收益，食物的生產作了一些改變，清費者健康與環保意識抬頭，人們認爲自然還是最好的選擇，因此有機食品業務大爲擴展。

二、有機農產品的定義

　　有機農產品是指農作物在種植過程中沒有使用化學物質或有機物質，如農藥、殺蟲劑、化學肥料。我國的有機農產品包括穀類、蔬菜、

水果、畜產品、水產品等。

三、實施有機農業對環境與生態的影響

(一)環境汙染降低

利用天敵、微生物取代農藥，以套袋、捕蟲燈、誘蟲板來抵抗病蟲害，以天然有機肥料取代化學肥料，避免土壤、河川農藥或化學物之積存，減少環境之汙染。

(二)農業廢棄物再生利用

將民間的果皮、食物殘渣回收，經發酵轉變成有機肥料，可改良土壤、增加土壤之氮、磷、鉀肥之利用。

(三)改善土壤之結構

採用有機栽培讓土壤因輪作、間作，土壤得以休息，改善土質，減少病蟲害之發生。

(四)改進空氣品質

由於使用化學氮肥會使空氣中產生氧化亞氮，危及地球上之生物，若使用有機肥則降低氧化亞氮的生成，空氣品質變好。

四、有機農產品的品質

(一)衛生安全

有機農產品不使用化學肥料、殺蟲劑，有機農產品之重金屬如銅、鋅、錳較一般食品低。

(二)營養成分

有機栽種的稻米磷、鉀、鎂較高，水果之糖度、酸度及礦物質含量較高。

(三)風味

有機農產品如雞蛋濃稠度較好，風味較佳，食品風味較一般食品好。

(四)農產品之儲存期限

有機農產品的儲存期限較一般農產品長，不容易變壞。

五、吉園圃與有機農產品之不同

　　吉園圃是指農民遵守農藥使用規範所生產的農產品，農藥殘留不得超過政府公告之容許量。有機農產品則不使用農藥而使用天然有機肥料，購買有機農產品應認明包裝上要貼CAS有機農產品標章。

六、有機農產品的標章

　　行政院農委會農糧署為使民眾吃得安全，擬定CAS臺灣有機農產品標章（organic@niu.edu.tw），消費者可從包裝的標示判斷是否為有機農產品。（如表2-2）

表2-2　2014年驗證單位標章

有機驗證機構名稱	認證標章
財團法人慈心有機農業發展基金會	
財團法人國際美育自然生態基金會	
中華有機農業協會	

有機驗證機構名稱	認證標章
臺灣省有機農業生產協會	
財團法人中央畜產會	
暐凱國際檢驗科技股份有限公司	
臺灣寶島有機農業發展協會	
國立成功大學	
國立中興大學	

有機驗證機構名稱	認證標章
財團法人和諧有機農業基金會	
環球國際驗證股份有限公司	
采園生態驗證有限公司	
臺灣茶協會	

(一)國產品

　　應有品名、原料名稱、農產品經營業者名稱、電話號碼及地址、原

產地、驗證機構名稱、有機農產品驗證證書字號。

(二)進口品

需有品名、原料名稱、進口業者名稱、聯絡電話及地址、原產地、驗證機構名稱、有機標示同意文件字號。

第四節　分子廚藝

1988年，匈牙利物理學家提出，認為將食物進行組合，改變食材的結構，再重新組合的廚藝，又稱為分子美食或分子料理（Molecular Cuisine）

一、分子廚藝之定義

透過化學或物理方式將食材的外型、味道、質地完全打散，再重新組合成另一道菜餚，如利用番茄及明膠混合製作出魚子醬；果凍製成生魚片；蔗糖製成棉子糖；海鮮製成雞尾酒。

二、製作分子料理需具備的條件

製作分子料理時，廚師應具備哪些條件呢？

(一)需了解食材的特性

廚師應了解每個食材的品種、特性，才能善用食材。

(二)了解烹調原理

廚師應了解食物的組成與其化學、物理變化，烹調溫度之掌控。

(三)善用食品添加物

了解食品添加物的種類、特性、合法使用量，善用食品添加物之優點，不能過量。

(四)需有美感與創意

要對配色、外型有美感，才能將食材重組得更美觀，它使食材改變成另一種食物，要有創意才做得出來。

（五）了解健康烹調方法

近年來，低溫眞空烹煮，將肉類放入眞空袋中，用60℃溫水長時間低溫烹調，使肉煮熟變滑嫩多汁；用超音波使油水迅速混合；用液態氮低溫鐵板將鮮奶油作成奶油球。

三、分子廚藝的發展

分子廚藝將食材的味道、質地、口感全打散，把固體食材轉化成液體與氣體，它利用了科學的方法像做實驗一樣產生驚奇的效果，對勇於嘗試新食物的人是一項好的選擇。

第五節　基因食品

世界人口數在2013年統計資料顯示有72億，全球有40多個國家急需糧食援助，約有1億人陷入飢餓困境，未來糧食的需求與擴展爲生物學家積極籌畫的議題。基因改造技術用於食品之改良已有很長的時間，現介紹有關基因改造食品（Genetically Modified Foods）。

一、基因改造食品

就是以基因改造的動物、植物、微生物所製造出來的食品，利用基因工程增加或去除原有的基因，改變生物原有的DNA所製造出來的食品。

（一）基因改造植物（transgenic plant）

將從動物、其他植物、微生物的基因，利用花粉管通道法、農桿菌介導轉化法、細胞融合法導入植物基因，可改變植物的抗病、抗蟲，使得植物的生產量增加，番茄、玉米、黃豆、馬鈴薯、香蕉、木瓜、西瓜等常爲改造的植物。

（二）基因改造動物（transgenic animal）

常用於養殖魚類的繁殖，大多用於觀賞魚，研究費用較植物高。動

物吃基因改造飼料，如牛、羊、豬的飼料。

(三)基因改造微生物（transgenic microorganisms）

應用於發酵食品的改良，將基因改造的微生物加入，產生不同口味的發酵食品。

二、基因改造食品的優良

基因改造食品有下列優點：

(一)增加生產量

可補足人口急速增加後，帶來的糧食分配不足，提高農作物之產量。

(二)降低成本，減少殺蟲劑之使用量

基因改造後增強植物克服惡劣、減少農藥的使用。

(三)有更好的改良如抗壓性、耐高溫、抗病毒

如木瓜能產出好的果實，南瓜能抗蟲害及病毒。

(四)增強疾病抵抗力

基因食品克服生產的環境，使物種耐熱、耐寒、抗旱，如黃豆、玉米、棉花。

(五)產生品質較好的食品，增加消費者感官喜好

基因食品增加蛋白質、維生素，提高食品的價值，如番茄。

三、基因改造造成的危害

(一)可能會危害人體健康

基因改變加速農作物生長，導致人們長期食用後身體過敏或免疫系統傷害。在2007年法國環保團體委託研究機構做實驗，以基因改造的玉米餵食老鼠90天後，發現老鼠在肝與腎有毒性反應。

(二)引起自然界害蟲的抗藥性

基因改造過程中，使用抗蟲害、抗病毒的藥物，使蟲對藥物的抗藥性增強。

(三)違反自然法則

基因改造違反自然界利用生物多元、多樣性自然育種，會造成有些物種絕種。

(四)長期食入基因改造食品的安全性評估

長期食入基因改造食品未能做安全性評估，這是人們最大隱憂。

(五)傷害素食者

基因改造食品有可能將動物物種放入植物中，讓素食者無從選擇。

四、衛生福利部對基因食品之管理

衛福部對基因改造的黃豆、玉米要經中央主管機關健康風險評估審查，經查驗登記發給許可文件，才能供作食品原料。建立基因改造食品來源及流向追蹤系統，以保障消費者權益。

以基因改造的黃豆或玉米為原料，且該原料占最終產品總量之3%以上的食品應標示基因改造或含基因改造字樣，字樣應標示在明顯之處，字體長度及寬度不得小於0.2公分。使用基因改造之黃豆或玉米所製造的醬油、沙拉油、玉米油、玉米糖漿、玉米澱粉等，得免標示基因改造或含基因改造之字樣。

第六節　季節性的食物

臺灣四季春秋氣溫相同，夏季稍熱，冬季較冷，肉類因畜養較沒季節變化，除了因禽流感會導致產銷問題之外，其他如魚類、蔬菜、水果則有季節變化，會有不同的物產。現敘述如下：

一、季節性魚類

臺灣魚貝類是有季節性的，因此將每月各種魚種列於下表如表2-3、2-4：

表2-3　魚類產季

一月	鯉魚、白鰻、鰻魚、吳郭魚、虱目魚、鱸魚、花身雞魚、臭肉鰮、灰海荷鰮、緇魚、劍旗魚、鱰魚、正鰹、圓花鰹、黃鰭鮪、高麗鰆、土鰱鰆、黑鯧、扁甲鰺、銅鏡鰺、眼眶魚、黑青河魨、錦鱗蜥魚、海鰻、桂皮扁魚、白帶魚、瓜子鱲、白鯧、紅馬頭魚、大眼鯛、小黃魚、巨首鰄、赤鯮、血鯛、嘉鱲、秋姑魚、金線紅姑魚、沙鮻、日本灰鮫、紅肉雙髻鮫、花枝、魷魚、章魚、牡犡、文蛤、蜆、紫貝、草蝦、斑節蝦、哈氏擬對蝦、梭子蟹、紅星梭子蟹。
二月	鯉魚、白鰻、鰻魚、吳郭魚、鱸魚、花身雞魚、花腹鯖、臭肉鰮、灰海荷鰮、緇魚、劍旗魚、鱰魚、圓花鰹、黃鰭鮪、高麗鰆、土鰱鰆、白鯧、扁甲鰺、銅鏡鰺、眼眶魚、黑青河魨、錦鱗蜥魚、海鰻、桂皮扁魚、白帶魚、瓜子鱲、白鯧、紅馬頭魚、大眼鯛、小黃魚、巨首鰄、赤鯮、血鯛、嘉鱲、秋姑魚、金線紅姑魚、沙鮻、日本灰鮫、紅肉雙髻鮫、花枝、魷魚、章魚、牡犡、文蛤、蜆、紫貝、草蝦、斑節蝦、哈氏擬對蝦、梭子蟹、紅星梭子蟹。
三月	鯉魚、白鰻、鰻魚、吳郭魚、鱸魚、花身雞魚、臭肉鰮、灰海荷鰮、緇魚、劍旗魚、鱰魚、圓花鰹、黃鰭鮪、高麗鰆、土鰱鰆、銅鏡鰺、眼眶魚、黑青河魨、錦鱗蜥魚、海鰻、桂皮扁魚、白帶魚、瓜子鱲、白鯧、紅馬頭魚、大眼鯛、小黃魚、巨首鰄、赤鯮、血鯛、嘉鱲、秋姑魚、沙鮻、日本灰鮫、紅肉雙髻鮫、花枝、魷魚、章魚、牡犡、文蛤、蜆、紫貝、草蝦、斑節蝦、哈氏擬對蝦、梭子蟹、紅星梭子蟹。
四月	鯉魚、白鰻、鰻魚、吳郭魚、虱目魚、鱸魚、花身雞魚、臭肉鰮、灰海荷鰮、緇魚、劍旗魚、鱰魚、正鰹、圓花鰹、黃鰭鮪、高麗鰆、土鰱鰆、銅鏡鰺、眼眶魚、黑青河魨、錦鱗蜥魚、海鰻、桂皮扁魚、白帶魚、瓜子鱲、白鯧、紅馬頭魚、大眼鯛、小黃魚、巨首鰄、赤鯮、血鯛、嘉鱲、秋姑魚、金線紅姑魚、沙鮻、日本灰鮫、紅肉雙髻鮫、花枝、魷魚、章魚、牡犡、文蛤、蜆、紫貝、草蝦、斑節蝦、哈氏擬對蝦、梭子蟹、紅星梭子蟹。
五月	鯉魚、白鰻、鰻魚、吳郭魚、虱目魚、鱸魚、花身雞魚、臭肉鰮、灰海荷鰮、緇魚、劍旗魚、鱰魚、正鰹、圓花鰹、黃鰭鮪、高麗鰆、土鰱鰆、黑鯧、扁甲鰺、銅鏡鰺、眼眶魚、黑青河魨、錦鱗蜥魚、海鰻、桂皮扁魚、白帶魚、瓜子鱲、白鯧、紅馬頭魚、大眼鯛、秋刀魚、巨首鰄、赤鯮、血鯛、嘉鱲、秋姑魚、金線紅姑魚、沙鮻、日本灰鮫、紅肉雙髻鮫、花枝、魷魚、章魚、牡犡、文蛤、蜆、紫貝、草蝦、斑節蝦、哈氏擬對蝦、梭子蟹、紅星梭子蟹。

六月	鯉魚、白鰻、鰻魚、吳郭魚、虱目魚、鱸魚、花身雞魚、臭肉鰮、灰海荷鰮、緇魚、劍旗魚、鰆魚、正鰹、圓花鰹、黃鰭鮪、土魠鰆、黑鯧、扁甲鰺、銅鏡鰺、眼眶魚、錦鱗蜥魚、海鰻、桂皮扁魚、白帶魚、瓜子鯧、白鯧、紅馬頭魚、大眼鯛、秋刀魚、巨首鰔、赤鯨、血鯛、嘉鱲、秋姑魚、金線紅姑魚、沙鮻、日本灰鮫、紅肉雙髻鮫、花枝、魷魚、章魚、牡蠣、文蛤、蜆、紫貝、草蝦、斑節蝦、哈氏擬對蝦、梭子蟹、紅星梭子蟹。
七月	鯉魚、白鰻、鰻魚、吳郭魚、虱目魚、鱸魚、花身雞魚、臭肉鰮、灰海荷鰮、緇魚、劍旗魚、鰆魚、圓花鰹、黃鰭鮪、土魠鰆、黑鯧、扁甲鰺、銅鏡鰺、眼眶魚、錦鱗蜥魚、海鰻、桂皮扁魚、白帶魚、瓜子鯧、白鯧、紅馬頭魚、大眼鯛、秋刀魚、巨首鰔、赤鯨、血鯛、嘉鱲、秋姑魚、金線紅姑魚、沙鮻、日本灰鮫、紅肉雙髻鮫、花枝、魷魚、章魚、牡蠣、文蛤、蜆、紫貝、草蝦、斑節蝦、哈氏擬對蝦、梭子蟹、紅星梭子蟹。
八月	鯉魚、白鰻、鰻魚、吳郭魚、虱目魚、鱸魚、花身雞魚、臭肉鰮、灰海荷鰮、緇魚、劍旗魚、鰆魚、圓花鰹、黃鰭鮪、土魠鰆、黑鯧、扁甲鰺、銅鏡鰺、錦鱗蜥魚、海鰻、桂皮扁魚、白帶魚、瓜子鯧、白鯧、紅馬頭魚、大眼鯛、秋刀魚、巨首鰔、赤鯨、血鯛、嘉鱲、秋姑魚、金線紅姑魚、沙鮻、日本灰鮫、紅肉雙髻鮫、花枝、魷魚、章魚、牡蠣、文蛤、蜆、紫貝、草蝦、斑節蝦、哈氏擬對蝦、梭子蟹、紅星梭子蟹。
九月	鯉魚、白鰻、鰻魚、吳郭魚、虱目魚、鱸魚、花身雞魚、臭肉鰮、灰海荷鰮、緇魚、劍旗魚、鰆魚、圓花鰹、黃鰭鮪、土魠鰆、黑鯧、扁甲鰺、銅鏡鰺、眼眶魚、錦鱗蜥魚、海鰻、桂皮扁魚、白帶魚、瓜子鯧、白鯧、紅馬頭魚、大眼鯛、秋刀魚、巨首鰔、赤鯨、血鯛、嘉鱲、秋姑魚、金線紅姑魚、沙鮻、日本灰鮫、紅肉雙髻鮫、花枝、魷魚、章魚、牡蠣、文蛤、蜆、紫貝、草蝦、斑節蝦、哈氏擬對蝦、梭子蟹、紅星梭子蟹。
十月	鯉魚、白鰻、鰻魚、吳郭魚、虱目魚、鱸魚、花身雞魚、臭肉鰮、灰海荷鰮、緇魚、劍旗魚、鰆魚、圓花鰹、黃鰭鮪、土魠鰆、黑鯧、扁甲鰺、銅鏡鰺、眼眶魚、錦鱗蜥魚、海鰻、桂皮扁魚、白帶魚、瓜子鯧、白鯧、紅馬頭魚、大眼鯛、秋刀魚、巨首鰔、赤鯨、血鯛、嘉鱲、秋姑魚、金線紅姑魚、沙鮻、日本灰鮫、紅肉雙髻鮫、花枝、魷魚、章魚、牡蠣、文蛤、蜆、紫貝、草蝦、斑節蝦、哈氏擬對蝦、梭子蟹、紅星梭子蟹。

月份	
十一月	鯉魚、白鰻、鰻魚、吳郭魚、虱目魚、鱸魚、花身雞魚、臭肉鰮、灰海荷鰮、鯔魚、劍旗魚、鱰魚、正鰹、圓花鰹、黃鰭鮪、高麗鰆、土鱛鰆、黑鯧、扁甲鰺、銅鏡鰺、眼眶魚、黑青河魨、錦鱗蜥魚、海鰻、桂皮扁魚、白帶魚、瓜子鯧、白鯧、紅馬頭魚、大眼鯛、小黃魚、巨首鱵、赤鯮、血鯛、嘉鱲、秋姑魚、金線紅姑魚、沙鮻、日本灰鮫、紅肉雙髻鮫、花枝、魷魚、章魚、牡犡、文蛤、蜆、紫貝、草蝦、斑節蝦、哈氏擬對蝦、梭子蟹、紅星梭子蟹。
十二月	鯉魚、白鰻、鰻魚、吳郭魚、虱目魚、鱸魚、花身雞魚、臭肉鰮、灰海荷鰮、鯔魚、劍旗魚、鱰魚、正鰹、圓花鰹、黃鰭鮪、高麗鰆、土鱛鰆、黑鯧、扁甲鰺、銅鏡鰺、眼眶魚、黑青河魨、錦鱗蜥魚、海鰻、桂皮扁魚、白帶魚、瓜子鯧、白鯧、紅馬頭魚、大眼鯛、小黃魚、巨首鱵、赤鯮、血鯛、嘉鱲、秋姑魚、金線紅姑魚、沙鮻、日本灰鮫、紅肉雙髻鮫、花枝、魷魚、章魚、牡犡、文蛤、蜆、紫貝、草蝦、斑節蝦、哈氏擬對蝦、梭子蟹、紅星梭子蟹。

表2-4　主要魚貝類產期表

種類 ＼ 產期	一月	二月	三月	四月	五月	六月	七月	八月	九月	十月	十一月	十二月
吳郭魚	●	●	●	●	●	●	●	●	●	●	○●	○●
花身雞魚	○	○	○	○	○	○	○	○	○	○	○	○
花腹鯖		○	○				○	○	○	○		
灰海荷鰮	●	●	●	●	○●	○●	●	●	●	●		●
高麗鰆	○	○	○		○	○					○	○
巨首鱵	○●	○●	●	○●	○●	●	●	●	●	●	○●	●
血鯛	○	○	○	○	○	○	○	○	○	○	○	○
秋姑魚	○●	●	○●	●	●	●	●	●	●	○●	●	○●
沙鮻	●	●	●	○●	○●	●	○●	●	●	●	●	●

○：盛產期　　●：一般產期

種類＼產期	一月	二月	三月	四月	五月	六月	七月	八月	九月	十月	十一月	十二月
花枝	○●	○●	●	●	●	●	●	●	○●	○●	○●	○●
紅肉雙髻鮫	○●	○●	○●	●	○●	○●	●	●	●	●	●	●
海鰻	○	○	○	○	○	○	○	○	○	○	○	○
鯉魚	○	○	○	○	○	○	○	○	○	○	○	○
虱目魚	●			●	○●	●	○●	○●	○●	○●	○	
鯔魚	●										●	○●
鰆魚	●	●	●	●	○●	●		●	●	●	●	●
圓花鰹	●	●	●	○●	○●	●	○●	●	●	●	●	●
扁甲鰺	●	●									●	○●
秋刀魚					●	●	○●	○●	○●	○●		
白帶魚	○●	○●	○●	●	●	●	○●	●	●	●	○●	○●
金線紅姑魚	○●	○●	●	●	●	●	●	●	○●	○●	●	●
魷魚	○	○	○	○	○	○	○	○	○	○	○	○
蜆	○	○	○	○	○	○	○	○	○	○	○	○
草對蝦	●	●	●	●	●	○●	○●	○●	○●	○●	●	●
梭子蟹	●	●	●	●	●	○●	○●	○●	○●	●	●	●
白鰻	○	○	○	○	○	○	○	○	○	○	○	○
鱸魚	○●	●	●	●	●	●	●	●	●	●	○●	○●

種類＼產期	一月	二月	三月	四月	五月	六月	七月	八月	九月	十月	十一月	十二月
正鰹	○			○	○	○	○					○
黃鰭鮪	○●	○●	○●	○●	●	●	●	●	●	○●	○●	○●
土鱛鱔	○●	○●	○●	●	●	●	●	●	●	○●	○●	○●
黑鯧	○●	●	●	○●	●	●	●	●	●	○●	○●	○●
眼眶魚	○	○	○	○	○	○				○	○	○
錦鱗蜥魚	○●	○●	○●	●	●	●	●	●	●	○●	○●	○●
桂皮扁魚	○●	○●	○●	○●	○●	●	●	●	●	●	●	○●
白鯧	●	○●	●	○●	●	●	●	●	●	●	●	●
大眼鯛	○●	○●	○●	○●	○●	○●	○●	○●	○●	○●	○●	○●
赤鯮	●	●	●	●	●	○●	○●	●	●	●	●	●
日本灰鮫	○●	○●	○●	○●	○●	○●	○●	○●	○●	○●	○●	○●
章魚	○●	○●	●	●	●	●	●	●	●	○●	○●	○●
正牡蠣	●	●	●	○●	○●	○●	○●	○●	○●	○●	○●	○●
紫貝	●	●	○●	○●	○●	○●	○●	○●	○●	●	●	●
哈氏擬對蝦	○●	○●	○●	○●	○●	●	●	●	●	●	●	●
鰻魚	○	○	○	○	○	○	○	○	○	○	○	○
臭肉鰛	●	●	●	○●	○●	○●	○●	○●	○●	○●	○●	○●
劍旗魚	●	●	●	○●	○●	●	●	○●	○●	○●	○●	○●

產期 種類	一月	二月	三月	四月	五月	六月	七月	八月	九月	十月	十一月	十二月
銅鏡鯵	●	●	○●	○●	○●	○●	○●	○●	○●	●	●	●
黑青河魨	○	○	○	○	○					○	○	○
瓜子鯧	○●	○●	○●	●	●	●	●	●	●	○●	○●	○●
紅馬頭魚	●	●	●	●	○●	○●	○●	○●	○●	●	●	●
小黃魚	●	●	○	○							●	●
嘉鱲	○●	○●	○●	●	●	●	●	●	●	●	●	○●
文蛤	●	●	●	○●	○●	○●	○●	○●	○●	●	●	●
斑節蝦	○	○	○	○	○	○	○	○	○	○	○	○
紅星梭子蟹	●	●	●	●	●	○●	○●	○●	○●	●	●	●

二、季節性蔬菜

　　臺灣夏季因下雨，菜常會腐爛，冬季蔬菜產量過剩，因有菜土與菜金之諺語。現將臺灣十二月分之蔬菜列於下表，設計菜單時可作參考。（如表2-5）

表2-5　蔬菜產季

一月	根莖類：紅蘿蔔、蘿蔔、大頭菜、馬鈴薯、蔥、洋蔥、紅蔥頭、韭菜、大蒜、孟宗筍（冬筍）、箭筍、甘蔗筍、荸薺、蓮藕、山藥、山葵、高麗菜。
	葉菜類：翠玉白菜、小白菜、青江菜、菜心、芹菜、美國芹菜、萵苣、結球萵苣、廣東萵苣、吉康菜、芥藍菜、芥菜、包心芥菜、香菜、九層塔、茴香、紅鳳菜、美國香菜、菠菜、水蕹菜、紅莧菜、油菜、油菜心、黃豆菜、綠豆菜。

一月	花果類：青花菜、花椰菜、大黃瓜、小黃瓜、冬瓜、稜角絲瓜、大番茄、小番茄、花生、豌豆、甜豌豆、敏豆、花豆、甜椒、紅甜椒、紅辣椒、玉米。
二月	根莖類：紅蘿蔔、蘿蔔、大頭菜、馬鈴薯、牛蒡、蔥、洋蔥、紅蔥頭、韭菜、韭黃、大蒜、孟宗筍（冬筍）、箭筍、甘蔗筍、荸薺、豆薯、山葵。 葉菜類：高麗菜、翠玉白菜、小白菜、青江菜、菜心、芹菜、萵苣、結球萵苣、廣東萵苣、吉康菜、芥藍菜、芥菜、包心芥菜、香菜、九層塔、茴香、紅鳳菜、茼蒿、美國香菜、菠菜、水蕹菜、紅莧菜、油菜、油菜心、黃豆菜、綠豆菜。 花果類：青花菜、花椰菜、大黃瓜、小黃瓜、冬瓜、稜角絲瓜、大番茄、小番茄、豌豆、甜豌豆、敏豆、花豆、甜椒、紅甜椒、紅辣椒、玉米。
三月	根莖類：紅蘿蔔、蘿蔔、大頭菜、馬鈴薯、甘薯、牛蒡、蔥、洋蔥、紅蔥頭、韭菜、韭黃、大蒜、桂竹筍、甘蔗筍、荸薺、山葵。 葉菜類：高麗菜、小白菜、青江菜、菜心、芹菜、山芹菜、萵苣、廣東萵苣、吉康菜、芥藍菜、芥菜、包心芥菜、香菜、九層塔、茴香、紅鳳菜、美國香菜、紫蘇、菠菜、水蕹菜、茼蒿、紅莧菜、白莧菜、油菜、油菜心、黃豆菜、綠豆菜。 花果類：青花菜、花椰菜、大黃瓜、小黃瓜、冬瓜、稜角絲瓜、南瓜、大番茄、小番茄、豌豆、甜豌豆、敏豆、花豆、甜椒、紅甜椒、紅辣椒、玉米。
四月	根莖類：紅蘿蔔、甘薯、牛蒡、蔥、洋蔥、紅蔥頭、韭菜、韭黃、孟宗筍（冬筍）、桂竹筍、豆薯、白蘆筍、綠蘆筍、山葵。 葉菜類：高麗菜、小白菜、青江菜、芹菜、萵苣、結球萵苣、廣東萵苣、吉康菜、芥藍菜、芥菜、香菜、九層塔、茴香、紅鳳菜、美國香菜、菠菜、紫蘇、水蕹菜、白莧菜、紅莧菜、油菜、油菜心、黃豆芽、綠豆芽。 花果類：青花菜、花椰菜、大黃瓜、小黃瓜、冬瓜、越瓜、南瓜、瓠瓜、稜角絲瓜、大番茄、敏亞、韭菜花、甜椒、紅甜椒、紅辣椒。
五月	根莖類：甘薯、蔥、韭黃、綠竹筍、茭白筍、白蘆筍、綠蘆筍、山葵。 葉菜類：小白菜、甘薯菜、青江菜、萵苣、廣東萵苣、吉康菜、芥藍菜、芥菜、香菜、九層塔、紅鳳菜、美國香菜、豌豆苗、紫蘇、水蕹菜、白莧菜、油菜、黃豆芽、綠豆芽。 花果類：韭菜花、大黃瓜、小黃瓜、冬瓜、絲瓜、稜角絲瓜、越瓜、南瓜、佛手瓜、瓠瓜、大番茄、敏豆、菜豆、甜椒、紅辣椒、茄子。
六月	根莖類：甘薯、蔥、洋蔥、韭菜、韭黃、綠竹筍、茭白筍、白蘆筍、綠蘆筍、蓮藕、山葵。

六月	葉菜類：小白菜、青江菜、甘薯葉、山芹菜、蒿苣、廣東蒿苣、吉康菜、芥藍菜、芥菜、香菜、九層塔、茴香、紅鳳菜、美國香菜、豌豆苗、水蕹菜、白莧菜、紅莧菜、油菜、油菜心、黃豆芽、綠豆芽。 花果類：韭菜花、金針花、大黃瓜、小黃瓜、冬瓜、絲瓜、稜角絲瓜、南瓜、苦瓜、佛手瓜、破布子、甜椒、茄子、紅辣椒。
七月	根莖類：甘薯、芋頭、蔥、韭黃、綠竹筍、茭白筍、蓮藕、山葵。 葉菜類：小白菜、青江菜、甘薯葉、蒿苣、廣東蒿苣、吉康菜、芥藍菜、芥菜、香菜、九層塔、紅鳳菜、美國香菜、水蕹菜、紅莧菜、油菜、黃豆芽、綠豆芽。 花果類：韭菜花、金針花、大黃瓜、小黃瓜、冬瓜、絲瓜、稜角絲瓜、越瓜、南瓜、苦瓜、佛手瓜、栗子、菜豆、甜椒、紅辣椒、茄子。
八月	根莖類：甘薯、芋頭、韭黃、綠竹筍、白蘆筍、綠蘆筍、茭白筍、蓮藕、菱角、山葵。 葉菜類：翠玉白菜、小白菜、青江菜、蒿苣、廣東蒿苣、吉康菜、芥藍菜、芥菜、香菜、九層塔、紅鳳菜、美國香菜、菠菜、水蕹菜、白莧菜、紅莧菜、油菜、油菜心、黃豆芽、綠豆芽。 花果類：韭菜花、金針花、花椰菜、大黃瓜、小黃瓜、冬瓜、絲瓜、越瓜、稜角絲瓜、南瓜、苦瓜、佛手瓜、瓠瓜、栗子、破布子、甜椒、紅甜椒、茄子、紅辣椒。
九月	根莖類：蕃薯、芋頭、大頭菜、蔥、韭黃、麻竹筍、茭白筍、白蘆筍、綠蘆筍、菱角、蓮藕、山葵。 葉菜類：高麗菜、翠玉白菜、小白菜、青江菜、甘薯葉、廣東蒿苣、吉康菜、芥藍菜、芥菜、香菜、九層塔、茴香、紅鳳菜、美國香菜、菠菜、水蕹菜、紅莧菜、油菜、黃豆芽、綠豆芽。 花果類：韭菜花、花椰菜、大黃瓜、小黃瓜、冬瓜、絲瓜、稜角絲瓜、越瓜、南瓜、苦瓜、佛手瓜、栗子、菜豆、紅辣椒、玉米、茄子。
十月	根莖類：蔥、洋蔥、韭黃、茭白筍、白蘆筍、綠蘆筍、甜茴香、甘蔗筍、菱角、山葵。 葉菜類：小白菜、青江菜、甘薯葉、菜心、芹菜、蒿苣、廣東蒿苣、吉康菜、芥藍菜、芥菜、香菜、九層塔、茴香、紅鳳菜、豌豆苗、美國香菜、菠菜、水蕹菜、紅莧菜、油菜、油菜心、黃豆芽、綠豆芽。 花果類：韭菜花、金針花、大黃瓜、小黃瓜、冬瓜、稜角絲瓜、越瓜、南瓜、苦瓜、大番茄、花生、菜豆、翼豆、茄子、紅辣椒、玉米。
十一月	根莖類：蘿蔔、大頭菜、蔥、洋蔥、紅蔥頭、韭黃、大蒜、麻竹筍、孟宗筍、蘆筍花、甘蔗筍、荸薺、菱角、山藥、山葵。

十一月	葉菜類：翠玉白菜、小白菜、青江菜、甘薯葉、菜心、芹菜、美國芹菜、蒿苣、結球蒿苣、廣東蒿苣、吉康菜、芥藍菜、芥菜、包心芥菜、香菜、九層塔、茴香、紅鳳菜、豌豆苗、美國香菜、菠菜、水蕹菜、紅莧菜、油菜、油菜心、黃豆芽、綠豆芽。
	花果類：青花菜、花椰菜、小黃瓜、冬瓜、稜角絲瓜、越瓜、大番茄、小番茄、栗子、花生、豌豆、甜豌豆、敏豆、翼豆、紅甜椒、茄子、紅辣椒、玉米。
十二月	根莖類：紅蘿蔔、蘿蔔、大頭菜、馬鈴薯、蔥、洋蔥、紅蔥頭、韭黃、大蒜、孟宗筍（冬筍）、蘆筍花、箭筍、甘蔗筍、荸薺、山藥、山葵。
	葉菜類：翠玉白菜、小白菜、青江菜、甘薯葉、菜心、芹菜、美國芹菜、蒿苣、結球蒿苣、廣東蒿苣、吉康菜、芥藍菜、芥菜、包心芥菜、香菜、九層塔、茴香、紅鳳菜、美國香菜、菠菜、水蕹菜、紅莧菜、油菜、油菜心、黃豆芽、綠豆芽、豌豆苗。
	花果類：青花菜、花椰菜、小黃瓜、冬瓜、稜角絲瓜、越瓜、大番茄、小番茄、花生、豌豆、甜豌豆、敏豆、菜豆、花豆、翼豆、茄子、紅辣椒、玉米。

三、季節性水果

表2-6　季節性水果

一月	桶柑、茂谷柑、美濃瓜、小番茄、香蕉、楊桃、草莓、枇杷、蓮霧、番石榴、甘蔗、金棗、橘子、柳丁、蜜棗、虎頭柑、釋迦。
二月	桶柑、茂谷柑、葡萄、美濃瓜、小番茄、香蕉、楊桃、草莓、枇杷、蓮霧、番石榴、金棗、甘蔗、釋迦、橘子、柳丁、蜜棗、虎頭柑。
三月	桶柑、梅、茂谷柑、鳳梨釋迦、葡萄、美濃瓜、小番茄、土芒果、香蕉、楊桃、草梅、枇杷、李子、蓮霧、番石榴、金棗、甘蔗。
四月	桶柑、梅、鳳梨釋迦、桑椹、土芒果、香蕉、枇杷、李子、蓮霧、番石榴、金棗、甘蔗。
五月	西瓜、梅、荔枝、百香果、葡萄、火龍果、美濃瓜、桑椹、金煌芒果、玉荷包、香蕉、枇杷、李子、蓮霧、番石榴、甘蔗、荔枝。
六月	西瓜、荔枝、百香果、葡萄、火龍果、美濃瓜、桑椹、香蕉、李子、蓮霧、番石榴、鳳梨、檸檬、蜜桃、高接梨、荔枝。
七月	荔枝、百香果、火龍果、美濃瓜、金煌芒果、香蕉、李子、蓮霧、番石榴、酪梨、鳳梨、檸檬、龍眼、釋迦、蜜桃、高接梨、洋香瓜、荔枝。

八月	百香果、火龍果、美濃瓜、金煌芒果、香蕉、李子、番石榴、水梨、酪梨、文旦柚、鳳梨、檸檬、龍眼、釋迦、蜜桃、高接梨、木瓜。
九月	百香果、火龍果、美濃瓜、香蕉、水梨、酪梨、文旦柚、釋迦、橘子、木瓜、蜜棗、臍橙、柿子。
十月	百香果、火龍果、美濃瓜、香蕉、楊桃、番石榴、甘蔗、酪梨、文旦柚、木瓜、臍橙、橄欖、大白柚、柿子。
十一月	茂谷柑、鳳梨釋迦、葡萄、火龍果、美濃瓜、香蕉、楊桃、枇杷、番石榴、甘蔗、釋迦、橘子、柳丁、木瓜、蜜棗、虎頭柑、臍橙、大白柚、柿子。
十二月	茂谷柑、鳳梨釋迦、火龍果、美濃瓜、小番茄、香蕉、楊桃、枇杷、番石榴、甘蔗、釋迦、橘子、木瓜、蜜棗、虎頭柑。

表2-7　季前生水果

	一月	二月	三月	四月	五月	六月	七月	八月	九月	十月	十一月	十二月
香蕉	●	●	●	●	●	●	●	●	●	●	●	●
番石榴	●	●	●	●	●	●	●	●	●	●	●	●
美濃瓜	●	●	●	●	●	●	●	●	●	●	●	●
桶柑	●	●	●									
西瓜					●	●						
梅			●	●	●							
茂谷柑	●	●									●	●
草莓	●	●	●	●								
土芒果			●	●	●							
蓮霧	●	●	●	●	●	●	●					
金棗	●	●										
橘子	●	●									●	●
柳丁	●	●									●	●
蜜棗	●	●	●									●
虎頭柑	●	●	●								●	●
荔枝					●	●	●					
鳳梨釋迦	●	●										
百香果					●	●	●	●	●	●	●	

	一月	二月	三月	四月	五月	六月	七月	八月	九月	十月	十一月	十二月
葡萄	●	●			●	●	●	●	●	●	●	●
火龍果					●	●	●	●	●	●	●	●
桑椹				●	●							
金煌芒果					●	●	●	●				
玉荷包					●							
楊桃	●	●	●	●						●	●	●
枇杷	●	●	●	●	●						●	●
李子			●	●	●	●						
甘蔗	●	●	●	●	●	●				●	●	●
水梨							●	●	●			
酪梨							●	●	●			
文旦柚							●	●	●			
鳳梨						●	●	●				
檸檬						●	●	●				
龍眼							●	●				
蜜桃						●	●	●				
釋迦							●	●	●	●	●	●
臍橙										●	●	
橄欖										●		
柿子										●	●	
大白柚										●	●	
木瓜								●	●	●	●	●
香瓜							●					
梨						●	●	●				

第三章

食材認識

第一節　食物酸鹼性

健康人正常血液酸鹼值介於7.35～7.45屬弱鹼性，血液值低於7.35稱爲酸中毒，一般在腎臟病、阻塞性肺病者產生酸中毒，若血液值高於7.45稱爲鹼中毒。我們會藉由身體的血液、腎臟、呼吸系統讓身體的酸鹼成平衡狀況。

食物的酸鹼程度是將食物乾燥燒成灰後，用酸鹼滴定而得知。酸性食物是指食物經過消化吸收代謝後產生的磷酸根、硫酸根、氯離子，多於陽離子如鈉、鉀、鎂、鈣如肉類、魚類、蛋類、五穀雜糧類，當食物所含的陽離子如鈉、鉀、鎂、鈣大於陰離子如蔬菜、水果、牛奶，稱爲鹼性食物。

食物中的糖、醋、茶、油、在體內氧化，產生二氧化碳和水排出體外，不影響人體酸鹼性，稱爲中性食物。

第二節　認識各類食材

要做好菜，需採購新鮮的食材，現依全穀根莖類、肉、魚、豆、蛋類、奶類、蔬菜類、水果類、油脂類及調味料，依序介紹。

一、全穀根莖類

米、番薯、玉米、小麥、燕麥、小米、蕎麥、馬鈴薯等，由於生長容易熱量高，沒有特殊味道，常作爲各國人們的主要食物。

(一)米

臺灣的米種有4,000多種，然而在市面上，大家只知道有在來米、蓬萊米、糯米。

1.在來米

又稱爲秈米，爲臺灣的原產地的米種，外型不透明、光澤少、粉質硬、直鏈澱粉所占比例較高，蒸煮後組織鬆散，常製作一些黏

性較小的成品，如碗粿、蘿蔔糕。

2. 蓬萊米

又稱為梗米，為日本人帶來臺灣的米種，外型為半透明，有光澤，粉質較軟，直鏈澱粉較低，黏度在在來米與糯米之間，可製作米乳，現在臺灣人以它為主食。

3. 糯米

糯米分為長粒與圓粒糯米，外型不透明呈乳白色，黏性強。長粒糯米用來製作鹹食，如油飯、各式肉粽；圓粒糯米水分多，常用來製作甜食，如甜八寶飯、甜米糕，米粒煮好成形如湖州粽。

(二)番薯

原產於中美洲，十六世紀經歐洲至臺灣，為多年生雙子葉植物，由於澱粉含量不同，有各種不同的品種，在臺灣以臺農57號的番薯澱粉含量高，常將澱粉萃取出做成番薯粉，做成肉圓的外皮。

它含有高纖維素，可降低血液中的膽固醇，並具排便之功效。

(三)小麥

小麥為寒帶主要的糧食，將它的外殼去除後，胚乳磨成粉就是市售的麵粉。臺灣不產小麥，大多靠進口，將小麥磨成粉後的麵粉依蛋白質含量的高低可分為特高筋、高筋、粉心粉、中筋、低筋粉。

1. 特高筋：蛋白質在13.5％以上，大多用來製作需要筋性強的麵包、油條。

2. 高筋：蛋白質在11.5％以上，常用來製作吐司麵包或奶油泡芙。

3. 粉心粉：蛋白質在10.5％以上，常用來製作家常麵食，如水餃、麵條。

4. 中筋：蛋白質在9.5％以上，常用來製作家常麵食，如水餃、鍋貼。

5. 低筋：蛋白質在6.5％以上，常用來製作各式蛋糕與小西點。

各種穀類中，只有小麥磨成的麵粉加水揉成麵糰後會形成麵筋，具有延展性，因此在麵粉中加入酵母後產生了二氧化碳與酒精，麵糰

可將它保留在麵糰內使體積膨大，生產出各式蓬鬆的產品。

(四)玉米

在臺灣常見的玉米有白玉米、甜玉米、紫玉米，以所含直鏈澱粉與支鏈澱粉的比例，吃起來較Q的支鏈澱粉含量較高。玉米粒主要有果皮、胚與胚乳所構成，我們一般食用玉米粒，由於它少色胺酸，不能當人類的主食，需與色胺酸含量高的牛奶一起吃，才可補足玉米中不足的色胺酸。

(五)燕麥

近年來營養學家發現燕麥具有豐富的水溶性纖維，可降低人們血液中的膽固醇，將它製成麥片，由燕麥的胚與胚乳所構成，煮熟後稍具黏性，為人們健康的食品。

(六)小米

小米在臺灣大多為原住民常用的食品，吃的部分為胚與胚乳，原住民常慶祝小米豐收而舉辦了慶典，吃剩下的小米才釀成小米酒。

小米含直鏈澱粉與支鏈澱粉的多寡名為糯小米與一般小米，糯小米支鏈澱粉含量較高，蒸出來的小米粥具有黏稠性。

二、肉類

臺灣人最喜歡的肉類是豬肉，偏好購買溫體豬肉。

1.豬肉

市售的豬肉有白毛豬與黑毛豬，白毛豬是進口豬種，黑毛豬為本地豬種。白毛豬產瘦肉量高、生長快，大多用玉米飼料養，黑毛豬常以廚餘來飼養，生長慢、脂肪量高。在市場上販售，年長者大多喜好黑毛豬，年青的人喜歡白毛豬肉。

2.牛肉

臺灣牛飼養不多，因此牛肉靠進口，依不同國家的切割方式進口。牛肉大多切割好，有不同的部位如肩胛部、肋脊部、前胸、前腰脊、胸後、腹脅部。

近年來，美國牛隻感染狂牛症，即牛的腦部產生病變成海綿狀。人吃了含有狂牛症牛的內臟、骨髓，病症會潛伏在人體，潛伏期很長，會使人腦產生海綿病變，人會有憂鬱、焦慮及幻覺、走路不穩、行動困難及智力衰退及精神障礙及死亡。

避免食用來自疫區受狂牛病變蛋白質汙染牛羊的內臟、腦、眼睛、頭骨、絞肉、骨髓及相關製品，如萃取自疫區之膠原蛋白。

新的《食品衛生管理法》於2013年6月19日公布施行，在第22條，大賣場若販賣牛肉應有原產地（國）、有效日期、製造廠商與國內買賣廠商名稱、電話號碼及住址。

速食店、餐廳，將牛肉原料原產地張貼於明顯處。

3. 羊肉

臺灣畜養羊隻不多，大多靠進口，進口羊肉大多已切割好冷凍，多為羊肩胛肉、羊腰肉、羊里肌、羊腿。

羊肉常具有羶味，烹調時如與白蘿蔔一齊煮，可去除羊肉的腥味。

4. 雞肉

臺灣雞可分為本地雞（又稱為土雞、放山雞）、肉雞（進口雞種）、蛋雞（下蛋用）、烏骨雞。燉雞湯常用本地雞，因肉質硬、肉少，燉出來雞湯香濃可口；肉雞則因產肉多，肉質柔軟，常作為烤雞之用；蛋雞則下蛋之用，飼養60～70週後，再不能下蛋，常被作為燉高湯之用，其肉質太老不宜食用；烏骨雞則作為中藥燉補之用。

5. 鴨肉

臺灣鴨分為菜鴨、正番鴨、土番鴨、北京鴨。菜鴨作為產蛋用，正番鴨、土番鴨作為薑母鴨之用，北京鴨常作為烤鴨之用。

6. 鵝肉

臺灣鵝肉有中國鵝、獅頭鵝、受姆登鵝、白羅曼鵝。鵝肉常以白煮成燻鵝受到人們喜愛。

三、海鮮

臺灣四面臨海，海產量十分豐富，現將海鮮介紹如下：

(一)淡水魚

為島內淡水養殖的魚種。

　　1. 吳郭魚

又稱為福壽魚、南洋鯽仔，淡水養殖產量豐富，生產量多且養很大，現已經過切割，製作成無骨魚片，包裝完整，又稱為臺灣鯛。

由於生長於淡水土，味強，烹煮前可撒一些白醋，約五分鐘後再沖洗，去土藻味。

　　2. 大頭鰱

具土味，體型大，清洗乾淨後，魚頭常經油炸作為砂鍋魚頭。

　　3. 草魚

生於淡水，以草為生，油炸前需浸泡蔥、薑、蒜、酒去其腥臭味，魚刺多，吃的時候需小心食用。

　　4. 鯉魚

大多以活魚販售，母魚魚腹含有很多魚卵，捕獲後如死亡則魚卵易產生腐敗，因此在捕獲得需好好儲存。

　　5. 鯽魚

為小型魚，大多用來製作小菜，去除魚鱗、內臟，經高溫油炸至魚骨軟，加蔥段、薑片、醬油、糖、醋慢火燉煮至魚骨酥軟，成為高檔的小菜。

(二)海水魚

海水魚種類多，大型魚種大多為海水魚，臺灣有很多海水魚價格十分昂貴。

　　1. 鮪魚

為一種鯖科的海洋生物，肌肉含有大量肌紅蛋白成紅色，體長

3.5公尺，重達600～700公斤。近年來，由於政府促銷成功，成為經濟價值高的魚種。

2.土托魚

為臺灣土托魚羹的主要材料，體型大，背部為灰綠色，腹部呈銀白色，組織稍硬，因此常將白菜羹煮好，再將魚條炸酥拌入羹中食用。

3.黃魚

內質細緻，味鮮美，煎、炸、紅燒均可。

4.烏魚

臺灣烏魚現已有養殖，成熟時公的烏魚取魚鰾，母的烏魚取其卵，加鹽醃再晒乾做成烏魚子，烏魚肉則加鹽醃製成鹹烏魚，可煎炸後食用。

5.肉魚

體長為15公分為小型魚，經捕獲去內臟，加少許鹽，可煎後食用。

6.白帶魚

體軀成銀白色，另有稍具肉色的油帶，以油帶品質較佳，將頭、尾切除，身軀切成大小一致，經油煎或炸即可。

7.秋刀魚

為新鮮魚種，買回家後去頭鰓不必去內臟，直接將牠放於烤架撒鹽烤熟，吃時撒檸檬汁即可食用，為十分經濟的魚種。

(三)蝦類

蝦子品種十分多，常見的蝦有下列幾種。

1.龍蝦

龍蝦捕獲不易，常以人工浮潛到海中岩石縫捕獲，分為錦身龍蝦，稱蝦。龍蝦常以三吃的方式，剛上菜時以龍蝦生魚片，再炒龍蝦，最後將龍蝦殼煮湯。

2.草蝦

體呈青灰色，腹腳為淡紫色，適合煮、蒸、炸等烹調。

3. 泰國蝦

蝦腳長，在臺灣釣蝦場最多，常加鹽烤熱吃。

4. 沙蝦

體軀小，味鮮美，以汆燙煮熟食用。

以活蝦現煮現吃最佳，當經過冷凍後，品質變差。

(四)蟹　類

蟹種類多，現只介紹蟳與梭子蟹。

1. 蟳

以活蟳為佳，公蟳腹臍呈三角形，母蟳腹臍呈圓形，每年9月～11月為吃蟳的季節，其他月分常因其脫殼而成軟殼，味道差很多。

2. 梭子蟹

蟹類，胸呈暗紫色，長10～14公分，以新鮮活蟹最佳，以清蒸最好吃。

(五)貝　類

1. 牡蠣

臺灣牡蠣產量豐富，但有些受到工業汙染，以東石布袋的牡蠣最肥美。

2. 文蛤

臺灣文蛤現以用養殖方式來生產，文蛤十分鮮美，應選用嘴緊閉者，如果有1、2顆口已開者，煮出來的湯會有臭味。

3. 孔雀蛤

又稱為淡菜，外殼為墨綠色，呈三角形，吃前應泡鹽水讓牠吐沙，加薑絲、九層塔炒香，吃時取出內部之沙囊。

4. 九孔

因貝殼表面有九個呼吸孔而命名，經汆燙後淋上五味醬，十分鮮美。

(六)頭足類

1.烏賊

當被捕獲時會吐出墨汁，烹煮前去外膜，由內部切割交叉紋，經汆燙後捲成花形。

2.鎖管

成長筒形，常加鹽水汆燙即可食用，亦有人炒薑絲後食用。

3.魷魚

由於阿根廷產量多，臺灣大多由阿根廷進口，處理方式與花枝相同，有時買乾魷魚則需泡水至發，再由內部切割交叉紋，經汆燙有花形，再炒來吃。

4.章魚

體軀小但觸鬚長，韓國人將活章魚剁塊加入辣醬生食，但臺灣則將章魚汆燙滾水後沾醬食用。

四、蛋類

大多數國家以雞蛋為主，因為雞蛋製作出來的產品具有香味，其他的蛋如鴨蛋、鵝蛋、駝鳥蛋做出來的產品具腥臭味。蛋類是最營養的食物，以新鮮為主要選購條件，氣室小外殼粗糙、乾淨為選購要點。

五、奶類

各個國家大多以牛奶為食用之奶類，因它的成分最接近人奶，羊奶則蛋白質太高，葉酸含量少，不宜長期食用。

牛奶依加工方式分為全脂、低脂與脫脂奶，要熱量低則選用脫脂奶，若要儲存長久則選用奶粉。現市售奶粉依不同年齡層的營養需求有嬰兒、幼兒、孕婦、銀髮族、糖尿病專屬之奶粉。

六、蔬菜類

臺灣冬季盛產各種蔬菜，由於飲食習慣西化，導致腸癌病人增加，

因此衛生福利部宣導每人每天要吃三份蔬菜，宜用五色搭配。加上地球暖化，低碳飲食以蔬菜最佳，為了地球環保及身體健康，蔬菜應為國人健康之需。

蔬菜種類繁多，以根、莖、葉、花、果實、種子作分類。

(一)根菜類

如白蘿蔔、紅蘿蔔、山藥、木薯、牛蒡、芋頭等，長於地下受到蟲害少，但需鬆土保持土壤鬆軟，植物的根才可往下成長。每種根菜類均有不同的品種，要使用澱粉多，宜選用澱粉含量多的品種來種植。

(二)莖菜類

莖粗大，食用部位為其莖部，如菜心、茭白筍、芋頭莖部、大頭菜、嫩莖萵苣、蘆筍等，以莖部細嫩為佳，烹煮前需去外面之皮。

(三)葉菜類

如菠菜、白菜、青江菜、莧菜、油菜等，吃其嫩葉，葉柄不宜太長太粗，吃起來會太老。

(四)花菜類

如綠花椰菜、黃花椰菜、金針花等，以花為食用部位，選擇花正開者，不宜選用太老者。

七、水果類

臺灣的水果產量豐富，水果品質很好，不同的水果有其選購標準。

一般水果在成熟前採摘，經遇適當的溫度儲存，產生乙烯與二氧化碳使水果成熟，稱為追熟，它的販賣時間很短，需要促銷讓消費者在成熟時能享用。

八、油脂類

油脂為人類熱量的重要來源，每公克的油脂可產生9大卡熱量，它占人們膳食中熱量25～30%，使食物有香味。

油的種類可分爲動物性、植物性用油，人們用豬油、雞油在乾鍋爆炒，可萃取出動物性的油。可將植物如亞麻子、向日葵種子、黃豆經壓榨提煉出麻油、葵花子油、沙拉油。

　　若以油的組成含有飽和脂肪酸，多元不飽和脂肪酸、單元不飽和脂肪酸，各種油均含之，只是各種脂肪酸之比例不同。選擇油應以不飽和脂肪含量爲高的油較佳，如橄欖油、茶籽油，適合老人和高血脂病人食用。少用飽和脂肪酸含量高的油如豬油、牛油、羊油、奶油、柳子油。

第四章
製備方法

食物製備前應了解刀具之種類、烹調方法及調味，現分述於下。

第一節　刀具

古語說：「工欲善其事，必先利其器。」食物材料經切割後可製作出色、香、味俱全的佳餚。

一、刀工之意義

(一)使菜餚容易入味

材料經切割之後，使味道能進入食材內。

(二)使烹調更容易

材料切細與薄，食物烹調更容易變熟。

(三)增加食慾

好的刀工，可增加食物的色、香、味、形。

二、刀工之基本要求

(一)同一盤菜外型一致

中國菜講究刀工，同一盤菜外型一致，切絲則全部材料要切絲，切丁則全切丁，外型才會有一致之美感。

(二)材料粗細、厚薄均一

材料粗細、厚薄均一，菜餚品質好。

(三)落刀乾淨俐落

刀子切割食物時，落刀乾淨俐落，切忌藕斷絲連。注意刀口不得有切口、砧板應放平坦、用刀需平均。

(四)配合不同的烹調方法來切割

當烹調時間很短時，宜將材料切成小而薄，烹調時間長時，要切成厚狀。

㈤掌握食材特性

如雞肉鬆散要順紋切，牛肉組織緊密要逆紋切。

㈥善於利用材料

將材料取好，將不要用的材料作另類用途使用。

三、刀子的使用與保養

㈠刀子的種類

依各國烹調將刀子分為中式、西式、日式用刀。

1.中式刀

由於中國人喜歡買食材自行切割，因此分為片刀、剁刀。片刀為薄片狀輕而薄，刀刃銳利用於切薄片；剁刀又稱為骨刀，專門切帶骨的材料。

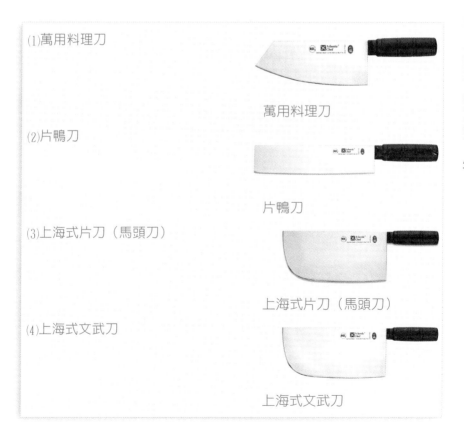

(1)萬用料理刀

萬用料理刀

(2)片鴨刀

片鴨刀

(3)上海式片刀（馬頭刀）

上海式片刀（馬頭刀）

(4)上海式文武刀

上海式文武刀

(5)九江刀

九江刀

(6)西式骨刀

西式骨刀

(7)骨刀

骨刀

(8)拍皮刀

拍皮刀

(9)剁刀

剁刀

(10)排骨刀馬頭刀（剁刀）

排骨刀（剁刀）

⑾片刀

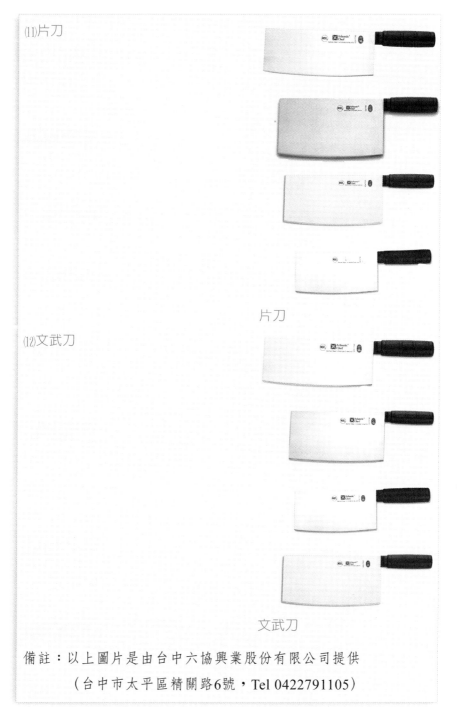

片刀

⑿文武刀

文武刀

備註：以上圖片是由台中六協興業股份有限公司提供
（台中市太平區精關路6號，Tel 0422791105）

2.西式刀

西方人食材大多在切割場切割好，大多用不鏽鋼薄片刀，切割不同食材有不同刀具。

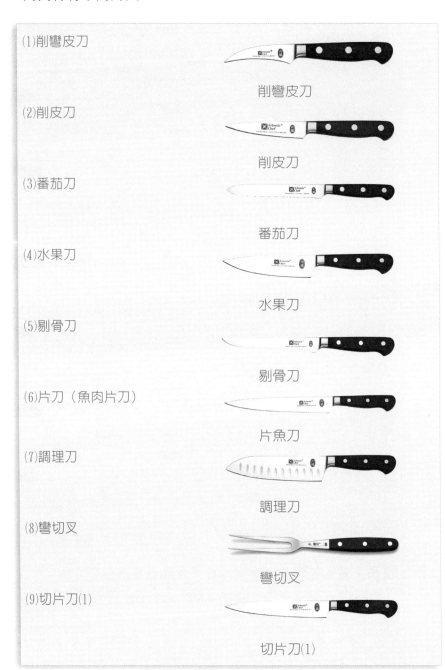

(1)削彎皮刀

削彎皮刀

(2)削皮刀

削皮刀

(3)番茄刀

番茄刀

(4)水果刀

水果刀

(5)剔骨刀

剔骨刀

(6)片刀（魚肉片刀）

片魚刀

(7)調理刀

調理刀

(8)彎切叉

彎切叉

(9)切片刀(1)

切片刀(1)

(10)切片刀(2)

切片刀(2)

(11)麵包刀(1)

麵包刀(1)

(12)麵包刀(2)

麵包刀(2)

(13)主廚刀

主廚刀

(14)彎削皮刀

彎削皮刀

(15)削皮刀

削皮刀

(16)牛排刀

牛排刀

(17)水果刀

水果刀

(18)剔骨刀

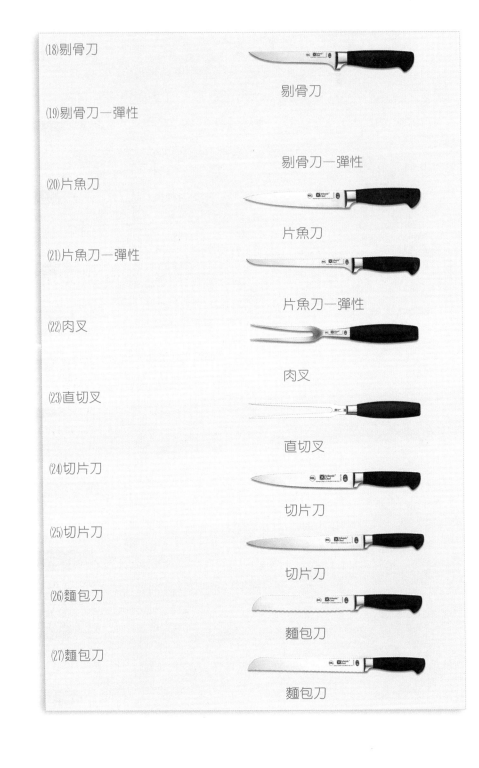

剔骨刀

(19)剔骨刀─彈性

剔骨刀─彈性

(20)片魚刀

片魚刀

(21)片魚刀─彈性

片魚刀─彈性

(22)肉叉

肉叉

(23)直切叉

直切叉

(24)切片刀

切片刀

(25)切片刀

切片刀

(26)麵包刀

麵包刀

(27)麵包刀

麵包刀

⑵⒏火腿刀

火腿刀

⑵⒐調理刀

調理刀

⑶⓪蔬果刀

蔬果刀

⑶⒈主廚刀（分刀）

主廚刀

⑶⒉窄刃剔骨刀─彈性

窄刃剔骨刀─彈性

⑶⒊彎剔骨刀

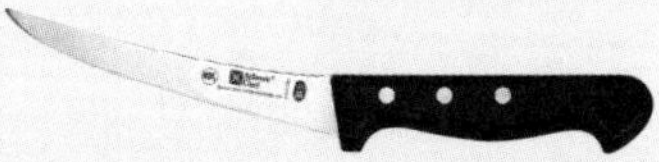

彎剔骨刀

⑶⒋剔骨刀

剔骨刀

(35)剔骨刀—彈性

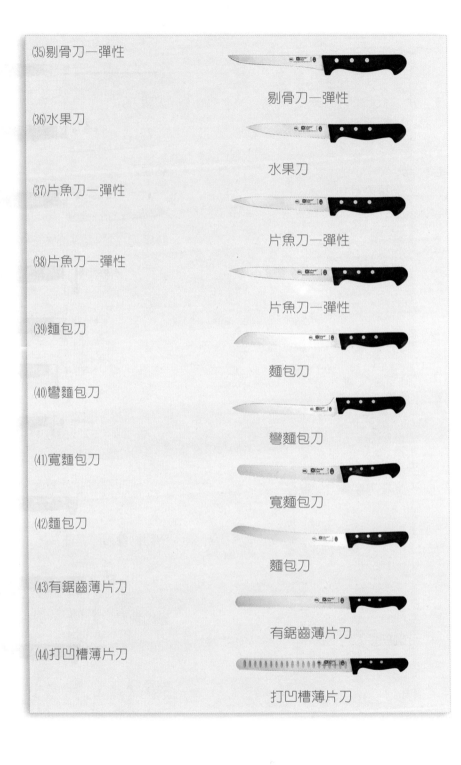

剔骨刀—彈性

(36)水果刀

水果刀

(37)片魚刀—彈性

片魚刀—彈性

(38)片魚刀—彈性

片魚刀—彈性

(39)麵包刀

麵包刀

(40)彎麵包刀

彎麵包刀

(41)寬麵包刀

寬麵包刀

(42)麵包刀

麵包刀

(43)有鋸齒薄片刀

有鋸齒薄片刀

(44)打凹槽薄片刀

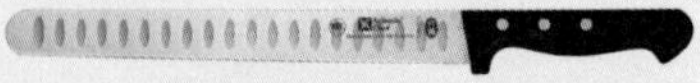

打凹槽薄片刀

⑷打凹槽薄片刀

打凹槽薄片刀

⑷鮭魚刀

鮭魚刀

⑷調理刀

調理刀

⑷蔬果刀

蔬果刀

⑷主廚刀（分刀）

主廚刀

⑸窄刃剔骨刀

窄刃剔骨刀

⑸彎剔骨刀

彎剔骨刀

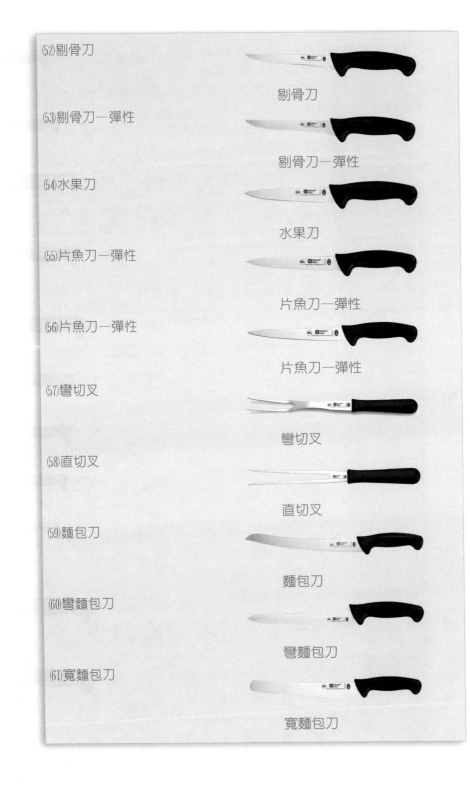

(52)剔骨刀

剔骨刀

(53)剔骨刀─彈性

剔骨刀─彈性

(54)水果刀

水果刀

(55)片魚刀─彈性

片魚刀─彈性

(56)片魚刀─彈性

片魚刀─彈性

(57)彎切叉

彎切叉

(58)直切叉

直切叉

(59)麵包刀

麵包刀

(60)彎麵包刀

彎麵包刀

(61)寬麵包刀

寬麵包刀

(62)有鋸齒薄片刀

有鋸齒薄片刀

(63)打凹槽薄片刀

打凹槽薄片刀

(64)鮭魚刀

鮭魚刀

(65)調理刀

調理刀

(66)蔬果刀

蔬果刀

(67)主廚刀（分刀）

主廚刀

備註：以上圖片是由台中六協興業股份有限公司提供

（台中市太平區精關路6號，Tel 0422791105）

3.日式刀

日本人食材大多在販賣場切割，且喜歡吃生魚片，因此用不同刀具來切割食材。

(1)生魚片刀

生魚片刀

生魚片刀

生魚片刀

(2)蔬果刀

蔬果刀

(3)調理刀

調理刀

(4)出刃刀

出刃刀

(5)牛刀

牛刀

牛刀

備註：以上圖片是由台中六協興業股份有限公司提供

（台中市太平區精關路6號，Tel 0422791105）

(二)刀子的保養

　　1.刀子使用後一定要清洗乾淨。

　　2.乾燥後放入刀具殺菌櫃。

　　3.用磨刀石磨刀，保持刀刃銳利。

第二節　烹調方法

　　本章將介紹中式與西式烹調方法，但烹調方法將它分為乾熱法與濕熱法，乾熱法是指烹調時不加水與液體之烹調法，濕熱法是指烹調時加水、液體的烹調法。

一、中式烹調法

(一)乾熱法

1.炒

(1)生炒：主料是動物性的生材料，材料不加任何粉漿，將生的肉類經切割，放入加油的鍋中不斷拌炒，再加入綠色蔬菜拌炒。

(2)熟炒：熟炒之材料先行過水，再切成片、絲、丁、條狀進入鍋中炒，再加入辣豆瓣醬或甜麵醬。

(3)滑炒：所用的主料是生的，先經過上漿和過油，再與配料同炒。

(4)清炒：只用主料不加配料，主料加粉漿過水或過油，再經拌炒。

(5)乾炒：又稱為乾煸，主料是生的，不上漿，將切好的主料入鍋中炒至熟。

2.爆

原料在極短的時間經汆燙或用熱油速炸，再與配料同炒。

(1)油爆：主料不上漿，用沸水汆燙速濾出，放入熱油中炸熟，取出後再與配料同炒。另一種作法是主料上漿後，放熱油速炒，放入配料，加太白粉水速炒。

(2)蔥爆：與油爆方法大致相同，但蔥爆必需放蔥。

(3)醬爆：與油爆方法大致相同，醬料需放甜麵醬。

3.溜

溜之作法與炒、爆相似，溜菜用的芡汁比炒、爆更多。

(1)脆溜：將醃漬過的主料掛上澱粉糊，炸至酥脆，再用芡汁拌勻。

(2)軟溜：將主料經蒸、煮等方法，再加入芡汁的烹調方法。

(3)醋溜：主料經炸後，再加入醋、糖翻拌。

(4)糟溜：主料經炸後，再加入紅糟汁翻拌。

4. 炸

將主料入油中炸至熟透。

(1)清　炸：原料不掛粉漿，只用調味料醃漬，用熱油炸熟。

(2)乾　炸：原料醃過，再沾乾料入油中炸之。

(3)軟　炸：原料醃過，再裹雞蛋與麵粉調成的粉漿，入油中炸之。

(4)酥　炸：原料加醃料，再裹上酥炸粉炸黃。

(5)日式炸：原料醃過先沾太白粉，再沾蛋液，再外裹麵包屑，壓
　　實後入油中炸之。

(6)紙包炸：將原料醃好，包玻璃紙入油中炸熟。

5. 烹

將雞、鴨、魚、蝦、肉類為主要材料，沾裹麵糊入油中炸熟取
出，另在鍋中熱油，放入炸好的材料加入調味料，大火翻拌。

6. 煎

熱鍋，放入少量油，油熱放入材料一面煎熟再翻面，使材料均勻
上色。

7. 鍋

原料先拌醃，再沾裹蛋糊，入鍋中兩面煎黃，再加入配料、調味
料，用小火煮至湯汁少。

8. 貼

用幾種相同的材料以蛋糊黏在一起，下鍋後貼在鍋面成焦黃香
脆，另一面鮮嫩。

9. 烤

直接利用火的輻射使食物變熟的方法，又分為暗爐烤、烤箱烤、
明爐烤、泥烤。

(1)暗爐烤：將要烤的原料掛在鉤上，封閉爐門，利用火的輻射熱
　　將原料烤熟，如烤叉燒。

(2)烤箱烤：利用有溫度控制的烤箱，加熱至一定溫度將食物烤熟。

(3)明爐烤：利用烤架，下燒碳火，將食物醃好放在烤架上，將食

物烤熟。

(4)泥烤：將原料醃好，包荷葉，再用泥包緊，在炭火中將原料烤熟。

10.鹽焗

將材料醃漬包好，再埋入炒熱的粗鹽中，用鹽的熱力使食物變熟。

11.燻

將已紅燒或滷熟的原料放架上，鍋中先鋪鋁箔紙，放紅糖、茶葉、米等材料，蓋鍋蓋，加熱後就會有煙燻至食物表面。

12.拔絲

糖、水、油放入鍋中煮至約135℃，糖色變成金黃色，再將炸過的原料入鍋中翻拌，盛放有抹油的盤中，取用時會成絲狀。當原料澱粉質高如芋頭、番薯則不用裹麵糊可直接炸；原料如香蕉、蘋果則需裹麵糊去炸，再裹糖衣。

(二)濕熱法

1.煮

將原料放水中，先用大火燒開，再以小火煮至熟。

2.燒

主料先用一種或一種以上的熱處理，再加入調味料，以大火燒開，再用小火慢煮。

(1)紅燒：原料經煎、炸、煸等方法處理，再加入醬油、糖、酒以大火煮滾，改小火慢煮，色為醬色。

(2)白燒：原料經煎、炸、煸處理後，加淡色醬油，以大火煮滾，改小火煮熟，色為淡色或白色。

3.燜

將材料經油炸後，加入調味料以小火燜熟。

4.煨

將材料經汆燙，加入調味料，蓋上鍋蓋，以小火熬煮。

5.燴

將材料切片、絲、丁等形狀，材料入湯中煮熟，調味再以太白粉水勾芡。製作燴菜時不能先加醋，必需在調味後先勾芡再淋上醋，以免湯汁中有醋會使得太白粉水解。

6. 汆

原料加好後，入滾燙水中烹煮的方法。

7. 蒸

將原料放入容器中，利用蒸氣力量使食物變熟的方法。蒸視材料性質而有不同，有的材料需用大火如包子、饅頭，有的需小火如蒸蛋，有的則不受火候影響如鴨、肉等。

二、西式烹調法

西式烹調亦分為乾熱法與濕熱法。

本章節將介紹基本的烹調方式。基本烹調法在西餐中是非常重要的課題，根據原料的特性及品質來判斷運用各種不同的烹調技巧，經由了解基本的烹調技巧與方法來做料理，讓食材發揮其最適當的美味。基本方法分為兩大類，即乾熱法與濕熱法。

(一)乾熱法

烹調時不加水及液體，成品乾、香、脆。

1. 炸Deep Fat Frying

利用足以淹蓋過食物表面的油量，加熱至160～180℃（華氏320～355度）間，再將食材放入熱油進行焦化作用炸熟的烹調方法即為「深油炸」（Deep Fat Frying），大多用於處理大量食材，可減少準備時間，在短時間內完成一道菜。壓力炸（Pressure Frying）則是使用密閉式壓力鍋，過程中食物散發的水蒸氣無法排出而形成壓力，提高油炸溫度能維持在200℃以上，並縮短油炸時間及節省能源，可使食物保留比一般油炸多50%的水分，更來的香酥多汁。較適合油炸的食材為蔬菜、馬鈴薯、家禽

類、魚肉、甜點。

⑴使用油炸製備食物時，需要注意下列四點：

　①進炸鍋前，需先將食物的水瀝乾，避免油脂酸敗及油爆導致燙傷。

　②避免油炸過鹹的食物，因鹽會破壞油脂，加速油的分解產生變化酸敗。

　③油炸時，需等油溫上升至160℃以上，並分次放入食物炸，否則一次投入太多會降低油溫，導致食物吸收過多油脂不酥脆，影響品質。

　④油炸過程中應隨時將油渣雜質撈除，避免因殘屑炭化而產生苦味。

⑵食物炸好取出後應注意之事項：

　①油炸完之成品，先以漏杓撈出稍瀝乾油分，再置於廚房紙巾上吸除多餘的油分，且不可蓋住或密封。

　②每次油炸過後，需過濾並徹底清除油渣及殘留物，以保持油質乾淨。

　③將油罐蓋好儲存於乾冷陰暗處，以避免空氣及光線破壞其成分，造成腐敗。

　④檢查炸油還能否繼續使用，並避免於腐敗油中添加新油。

　選購炸油應以發煙點高、耐高溫油炸為考量，因此植物油會比動物油、橄欖油、奶油等高脂肪來得適合。如何分辨炸油已不能再利用，倘若快速冒白煙、泡沫大量出現無法消散、油色變深黑，容易產生有毒膠狀物質，則不宜再使用。欲消除油脂異味，可在過濾殘渣後利用澱粉類，如剩飯、馬鈴薯皮等食材，放入油鍋內慢慢加熱，可吸附炸油中的浮渣及異味。

　清洗不鏽鋼製油炸鍋及自動調溫器時，禁止使用鋼刷等堅硬器具刮洗，否則傷及特殊防鏽處理之鍋具表面，易孳生細菌，造成油汙染。（如圖4-1）

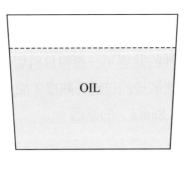

圖4-1　不加蓋一般油炸160～180℃

2. 煎Sauting

西餐的煎亦涵蓋了中式烹調所認知的炒（Pan Frying）。

煎（Sauting）的原則為將煎鍋燒熱倒入油，加熱至160～240℃（華氏290～410度），放入處理好並已調味的魚、肉類，較佳的表面先煎，在食物尚未焦化前應避免翻動，否則會影響食物表面的美觀，翻動過程中，切勿以尖銳物刺進食物表面造成肉汁流失，待表面均勻上色後，立即取出瀝乾油分及汁液，而鍋內的液體可作為菜餚的Sauce淋上。法文Saute的原意是使食物在鍋內翻滾、跳躍。

此烹調法適用於品質佳、肉質嫩的家禽類（Poultry）、魚排（Fish）、肉片（Cutlet / Finely sliced meat）、牛排（Steak）、沙朗（Sirloin）、菲力尖端（Tenderloin tip）、蔬菜類（Potato / Vegetable）。新鮮魚類因組織鬆散，因此在油煎前可在食物表面拍上薄薄的粉衣，效果會較佳。

油煎最主要的目的為使食物能有酥脆的表面及多汁的內部組織。煎是種瞬間高溫加熱，封住（Seal）表皮與肉汁，防止油脂過多滲入的烹調方式，固烹調時間不得過長，否則碳化會產生苦味。因此食材的厚度除了紅肉及可生食的魚肉外，其餘皆以三公分以下為原則，尤其白肉類若未熟透，食用後恐造成中毒。若食物厚度超過三公分，為避免過度焦化，油煎後放入烤箱至所需的熟度

及口感即可。

炒（Pan-Frying）講求的是鍋要熱、動作要快、時間要短三要點，呈現鮮嫩多汁的狀態，一般將材料切成體積相同的形狀，使受熱程度均勻，烹調後的口感與熟度才能一致。

快速沙司（Quick Sauce）的原則：

(1)熱鍋倒油加熱。

(2)放入食物，並搖動煎鍋保持其翻動不焦化。

(3)加調味料及佐料。

(4)取出食物至熱處備用。

(5)將牛油或奶油油脂放入煎鍋。

(6)加入酒及褐色高湯（Brown Stock），將其燒開（Boil）。

(7)再放入備用食物混合均勻，但避免滾沸。（如圖4-2）

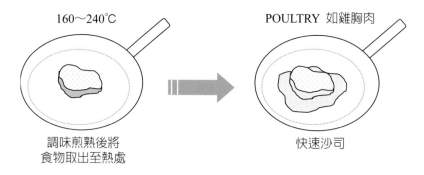

160～240℃　　　　　　　　POULTRY 如雞胸肉

調味煎熟後將　　　　　　　　快速沙司
食物取出至熱處

圖4-2　炒

3.燒烤Broiling／Grilling

此方法烹調的食物多半是肉質較厚的肉類或是肉質較結實的海鮮為主，其特色是可以利用烤架烙出格紋圖案。紅肉與白肉的燒烤方式有些不同，紅肉的部分以五分熟為佳，所以厚度用厚一點（約1.5公分左右）來烹調比較好，以免一下子就烤過熟；至於白肉的部分因為需要熟食，所以可以切薄一點（約1公分左右）。

燒烤時，需要將食物經過醃漬浸泡、塗上佐料或用鋁箔紙包裹，放在烤架或鐵板上。熱源主要為下火，可利用木炭、電或瓦斯等燃料來燒烤，起始溫度在220～250℃，先將食物表面的毛細孔用高溫封閉，再慢慢降溫至150～200℃燒烤。根據食物的種類與形式來變換不同烤溫，而體積越厚、越大的食物需用越低的溫度慢慢烤，否則造成外熟內生的狀態。

注意，當木炭被油滴到時，其食物不應在其木炭所生的火上繼續進行燒烤的動作。因為被油滴到的木炭經過燃燒後，會產生火屑及煙霧，使食物產生苦味，且對人的身體有害，因此在做燒烤時，建議先將附著在肉上的脂肪去除，留下一部分足以保護瘦肉邊緣的油脂即可。（如圖4-3）

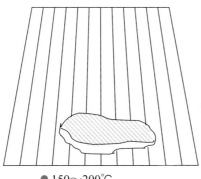

剛開始時不加蓋，
熱源集中在底部。

● 220～250℃

燒烤後爐溫轉小，
將肉移至兩旁。

● 150～200℃

圖4-3　燒烤

4. 上火烤／焗烤Gratinating

Gratinate一詞是從法文的焗烤菜Gratin所演變而來，將菜餚表面覆蓋上一層有油脂成分的製品或混合著奶油、乳酪或蛋，並將菜餚送至烤箱使表面上色，形成一層硬皮。

烘烤的溫度約在250～300℃左右，但若要和裡面的食物一起烤熟的話，需要稍微調降一下溫度。一般來說，焗烤物裡的東西都已事先料理好，因為焗烤的目的是將上層的覆蓋物烤上色，除非裡面的菜餚厚度較薄，否則等到裡面烤熟後，表面的外皮也焦黑了。

焗烤依其烘烤方式可分為「開放式烤箱」與「密閉式烤箱」兩種：

⑴開放式焗烤：開放式焗烤所使用的烤爐是明火烤箱（salamander）。烘烤的方式就是將已烹調好的菜餚上灑些乳酪絲或是麵包屑，再將其送至烤箱下方使之上色。（如圖4-4）

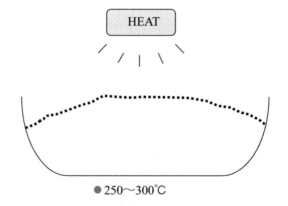

●250～300℃

圖4-4　上火烤不加蓋，由上加熱烤

⑵密閉式焗烤：密閉式烤法的使用烤爐即指一般烤箱，其焗烤物多半已是半成品狀態。有時候會事先將焗烤物放入奶油醬（bechmal）均勻混合後，再進入烤箱烘烤，直到要出爐前再灑上麵包屑或是乳酪絲，並推回烤箱烤至上色。

5.烘烤Baking

烘烤是將東西放入烤箱裡加熱，烘烤的過程中不需要加水或加油，而是直接利用烤箱內的乾熱空氣將食物烤熟。一般烤箱的爐內溫度設定在140～250℃，但若使用對流式烤箱時，需要將溫度調高一點，不過溫度的設定及烘烤時間的長短還是需要看食物本身來決定。

使用一般烤箱時，因爲是透過輻射加溫，故放進兩個烤盤以上會使烘烤的食物受熱不均；而對流式烤箱的熱源供應是採熱對流的方式，所以可以多放幾個烤盤一起烘烤，且不會有受熱不均的問題。

基本上烘烤的對象都是麵糊或是麵糰等烘焙食品，而使用烘烤方式的食物也都會伴隨麵糰，不過食物本身都是經過烹調的半成品（如：酥皮濃湯），因此不用擔心烘烤時間過短。（如圖4-5～4-7）

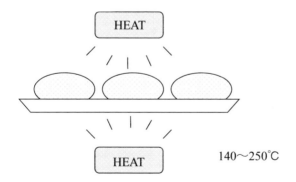

圖4-5　烘烤不加蓋，於烘焙紙上烘烤

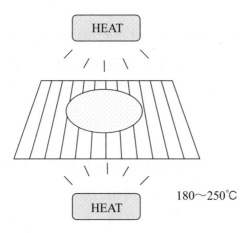

180～250℃

圖4-6 或於烤架上烘烤

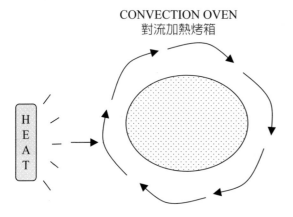

CONVECTION OVEN
對流加熱烤箱

圖4-7 對流烤箱加熱

6. 爐烤Roasting

　爐烤主要是將食物放進烤爐內進行加熱的動作,使用對象是大塊
狀的魚、肉類為主。在使用時,預熱烤箱的溫度要高一點,使肉
的表面蛋白質迅速凝固,已達到留住肉汁的效用,通常爐溫設定
在220℃左右,其預熱時間約為15分鐘,將要烤的東西放入烤爐
後,要適時的調降溫度,以免食物表面過度焦化,甚至炭化到不
能食用的地步。

一般來說，爐烤時都會將有脂肪的那面朝上，因爲脂肪受熱會融化，使油脂滲入肉中，不過不要留太多脂肪，只要保留約0.5公分厚左右的脂肪即可，否則過多的脂肪也會延長烘烤時間。處理下來的肥肉可以適量的覆蓋在瘦肉身上，使肉的口感不會過於乾澀。

在使用鐵叉烤肉時，爲了使肉能受熱均勻，盡量將肉綁成圓形狀，同時切面也會比較好看。另外，要注意烤完後，從爐內取出算起，過十五分鐘之後才能切割，其目的是讓這段時間使食物外層較高的溫度擴散至較低溫的內部，以封住肉汁的流動，也讓外層的肉汁不會在切割的過程中流失。

以下爲食物溫度比較及用針刺辨別的方法：（表4-1）（圖4-8）

表4-1　不同溫度肉汁的顏色

熱的溫度	肉汁的顏色	食物的溫度
Rare	深紅色	攝氏50度／華氏120度
Medium-Rare	鮮紅色	攝氏55度／華氏130度
Medium	粉紅色	攝氏60度／華氏140度
Well Done Red Meat	清淺色	攝氏70度／華氏160度
Well Done Veal	清淺色	攝氏75度／華氏165度
Well Done Park Poultry	清淺色	攝氏80度／華氏175度

(二)濕熱法

烹調時，加水及液體之烹調法，成品較軟、爛。

1.殺菁Blanching

殺菁（Blanch）的法文原意爲「漂白」，即相當於中餐烹調「汆燙」的方法。指不使用蓋子，將切割好的食物放入大量的冷水，食材與水量比例爲1：10，水量足夠則食物受熱溫度就越平均，避免大幅降低溫度，使其慢煮略滾，如果食材不是馬上使用的話，可再投入些冷水預防食物過熟，或是將食材放入速滾的水中

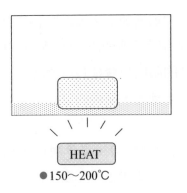

不加蓋在烤箱／在鐵叉上烤

＊ 燒烤方法：
初始溫度為低溫，
熱源只在底部加熱。

● 150～200℃

在爐內烤

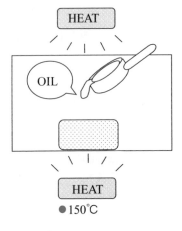

維持相同的溫度
直到煮熟為止。
需時常灑上油脂並
降溫至攝氏150度。

● 150℃

對流式烤箱烤

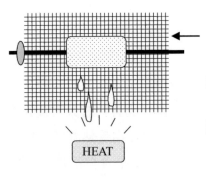

於烤肉鐵架上烤／烤肉

起始溫度攝氏250～280度

隨後改為攝氏150～250度

烤肉架烤

圖4-8　食物溫度比較

（1：10），讓其短時間滾燙一下，再將食材拿出放入冷水中，如不立刻使用，即使其排水冷卻以備隨時取用。

對菠菜及細小豆類等較細軟的蔬菜，殺菁可說是種完全煮熟的步驟，但對其它食材來說，殺菁只是初步烹調的處理功效。

不論是過水或過油，在眾多烹調方法中都是一種預煮（Pre-cook）的步驟，其作用是為了節省烹調時間及用來維持顏色與延長保存時間。

殺菁有兩種，分為「過水」及「過油」。

(1)過水：過水分為兩類，一為冷水，另一為熱水，一般根據食品的種類來決定。

　①冷水：將食材投入冷水中，加熱煮沸後轉小火慢煮，撈起後迅速浸入水中。常用於骨頭及切塊肉類。目的是去除食物所含的油、雜質、血水、鹽分，將食材之氣孔打開，讓過量的鹽分及雜質汲出稀釋；例如：保存火腿及醃豬肉。

　②熱水：另一種則是將食材投入沸水中滾沸後，撈起浸入冰冷水中冷卻，通常用於蔬菜、豆類與馬鈴薯。此方法可關閉氣孔，保持蔬菜原有的色澤與營養，並抑制氧化酵素產生之變化，減低農藥殘留，達到殺菌的功效，或減少體積以利包裝貯藏，也可利用此方法來輕易脫除蔬果類食材之皮膜；例如：番茄皮及內臟膜。

(2)過油：深鍋過油（Blanching in Deep-Fat）油溫應維持130℃，華氏265度，常用於魚類、馬鈴薯及蔬菜上。目的為預炸使食物接近熟成階段以達殺菌作用及節省許多烹調時間，並利用油溫封住食物表面，使蛋白質凝固包住肉汁，防止流失。

2. 低溫煮Poaching

低溫煮（水波式）的原則是用少量的液體，不加蓋子。烹煮時小心控制溫度，低溫保持在65～80℃（華氏150～175度）的範圍，表面不需滾沸，慢慢將食物浸泡到熟成的烹調方法。

低溫慢煮法文為Pocher，此種溫和的烹煮法，防止食物在烹調過程中變乾而無味，對於食材的組織結構及營養成分破壞較少，因此食物可保有較多水分。溫度若超過80℃，則蛋白素會遭到破壞，通常適用於雞蛋、魚類、家禽類、甜點等較柔嫩的食材，使其質地保留鮮嫩、原味多汁的特色。

雖然低溫煮不會破壞食物組織，但可能因為浸泡時間過長，造成食材中水溶性的營養物質流失，因此可用同性質的高湯代替煮液，以煮液直接調製醬汁（sauce），一起食用，並應將熟成物立即取出，避免長時間浸泡。

低溫煮依食材不同的特性，可區分為三類型：

(1)水煮：水煮又分為需攪拌及不攪拌兩種。

　①攪拌：通常用的食材為雞蛋、香腸、醃漬或燻豬肉。用低溫煮水波蛋，可在水中加醋，醋與水的比例為1：10，水滾後熄火，將蛋放入用小火煮至浮起即可。

　②不攪拌：乳蛋糕、馬鈴薯、蔬菜、甜點。

(2)淺盤煮：多用於烹調魚類、家禽類，最好能使用長形魚類專用煮鍋，將液體加入食物一半的高度來煮，上方覆蓋塗有奶油的紙，小魚及切塊魚應投入滾沸過但降溫不冒泡的熱液以小火煮，整條大魚則以冷液煮至滾再調回低溫煮。淺盤因空間較小，可減少液體量，防止魚的味道流失太多，並注意火候控制，避免破壞肉形的外觀。煮魚常用的煮液大多為白葡萄酒與水的混合，或由香料與水調成簡易高湯。（如圖4-9）

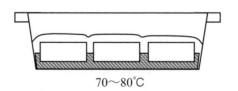

70～80℃

圖4-9　淺盤高湯煮覆蓋奶油紙

(3)複式（雙層）鍋煮（Bain-Marie Cooking）

雙層煮鍋（Double Boiler），Bain-Marie法文原意為「瑪莉浴」，此法是由中世紀義大利一位名為瑪莉的人所發明的，亦屬低溫煮其中之一。方法為在熱水鍋中再多加一個鍋來煮，使用圓形容器，以便作高度的攪拌。煮食材的內鍋不直接接觸熱源，外鍋水也不超過100℃，溫度較穩定易保持，無煮沸之疑慮，適合較敏感的食材；例如：乳酪、蛋捲、醬料。

Bain-Marie定義較廣，不一定需有兩層鍋，常用來維持食物溫度的保溫車，或以電熱空氣保溫的電熱槽都可稱為「瑪莉浴」。（如圖4-10）

65～80℃

圖4-10　雙層鍋攪拌低溫煮

3.沸煮Boiling

沸煮也稱為滾煮，食材放入滾沸的水或高湯中，將其煮至所需要的熟度。烹調時溫度需維持在100℃以上（華氏212度），液體量必需完全覆蓋過食物，水量蒸發減少時，應隨時補充適量的水或高湯。常用於肉類、骨頭、豆類、乾硬的米麵食及根葉蔬菜類。依據不同的食材，分成用冷水或熱水加熱至滾的兩種作法。

(1)冷水

適用於醃肉、根莖類、脫水蔬菜、骨頭、豆類。煮醃肉類應從冷水開始煮，才能將肉內過多的鹽分釋出。馬鈴薯或根類蔬菜及豆類應投入冷水加蓋煮，才能煮出食材本身的甜味，否則用

熱水煮時，內部熟後表面卻過火，導致破裂。脫水蔬菜則使食物吸收水分並軟化表面。

因此凡是煮高湯或清湯所放之食材，應以冷水煮之，防止蛋白質在65℃凝固而造成不易析出食材的營養與味道。

(2)熱水

肉類、家禽類、米麵食、綠色蔬菜需等水沸騰才放入。肉類及家禽類放入高於65℃的滾水中，會將表面蛋白質凝固形成保護層，可保存肉的鮮味。西餐中，米的煮法與義大利麵相同，以麵來說，水需為麵的三倍以上的量，加鹽不加蓋，水必需持續滾沸，並不時攪動防止沉底沾鍋，亦不會造成入鍋時溫度下降而使麵條互相沾黏。煮綠色蔬菜時加少許鹽巴，可維持蔬菜的色澤及營養價值，且不可加蓋煮，以免色澤變黃不嫩綠。

根莖類例外的為新品馬鈴薯（New Potato），需用滾水煮才能保存新品馬鈴薯的養分，連皮煮熟後，通常會搭配奶油及椒鹽食用。

魚類不可使用沸煮（Boiling）烹調法，會破壞肉質及組織，應使用低溫煮（Poaching）烹調法。

煮高湯、肉類及骨頭時，可加香料束（法文為bouquet garni，常用月桂葉、百里香、迷迭香或鼠尾草、洋香芹、胡椒粒等香料綁成一束）及調味蔬菜（Mirepoix）同煮，讓食物味道更鮮甜，這種速成高湯烹調方法稱為gourt bouillon。在烹煮過程中，若有浮泡或血渣，應立即撈除不潔物或過多油脂，否則湯會混濁且雜質味道也會滲入食物裡，影響風味品質。

使用壓力鍋，溫度可以提升至120℃以上，適用於某些較小塊的食物，因為此方法在短時間內容易將食物貫穿，節省烹煮時間，如果太大塊，恐怕當熱傳入食材內部時，食物表面早已過熱。（如圖4-11）

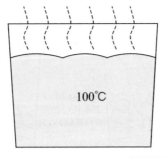

HIGH TEMPERATURE 高溫煮沸

圖4-11　依據食材特性來判別加蓋或不加蓋沸煮

4. 蒸Steaming

在所有烹調中，「蒸」是最能保持食物的顏色、營養、外觀、味道的一種基本烹調法。利用持續煮水沸騰所產生的水蒸氣來使食物熟成，必需等鍋內水蒸氣大量累積才可將食材放入，烹調過程中也必需盡量少開蓋，避免材料表面因水蒸氣遇冷空氣凝結而積水。其器具是由鍋子內部附加帶孔洞的底盤及鍋蓋組成的，通常會在內部加水至不超過低盤的量，保持水的滾沸，並不時添加熱水以補充蒸發掉的。將食材放於帶孔底盤上，加蓋蒸熟，加壓蒸鍋溫度可達200～220℃（華氏400～425度）。

蒸分為有壓力與無壓力濕蒸，最好的工作壓力是5.5～7 PSI（Pounds per square inch＝磅／平方英寸），溫度高低與食物熟成時間成反比。此烹調法除了能保持食材的原色、養分及完整外觀，並可節省2／3的烹調時間。（如圖4-12、4-13）

此烹調法無液體滾動，雖然不會損害食物形體、味道與顏色改變，保有食物的原汁原味，但同樣的也會保留食物原有的難聞氣味或腥臭味，不像燒烤油炸可利用焦化增加香氣或水煮可調味滾沸，因此慎選應用食材很重要。較適用於新鮮魚類、甲殼類、穀物、低油脂的肉與家禽類及塊狀蔬菜等，甚至湯類及點心。蒸蛋或布丁時，上方應覆蓋一層蠟紙，防止烹調過程中凝水滴進成品

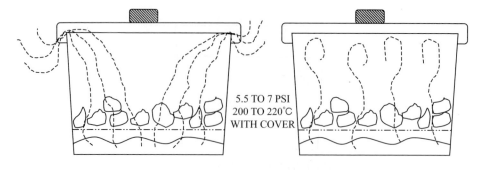

5.5 TO 7 PSI
200 TO 220℃
WITH COVER

圖4-12　無壓力濕蒸　　　　　　圖4-13　有壓力濕蒸

裡，導致表面不光滑。在蒸根莖類蔬菜，如馬鈴薯，應使用有孔底盤或容器，避免底部食材積水，造成受熱熟成度不均。

5. 燜、熬Braising 1 for Meat

燜即是食物在固定時間內，經焦化作用後，再用軟化作用的水解方式，徹底破壞結構，使食物和湯汁能夠完全融合。使用對象是大塊狀、帶脂肪的肉類食物。

通常會先將大塊狀食物浸泡在調味汁裡約六小時，使調味汁的味道被食物所吸收，之後將大塊狀食物瀝乾並煎至上色，最後再進行燜煮的動作。

在燜煮的時候，燜煮的湯汁量約為食物的1/4的高度，完成後，這些燜煮的湯汁通常也會拿來作為沙司（sauce）使用。

當燜製完成後，為了使菜餚的色澤更漂亮、更吸引人，燜煮過後還會在做一個上油的動作：首先將燜煮後所剩的醬汁過濾，去除雜質，之後再用極小火慢慢熬煮，濃縮成原來高湯的十分之一左右的量，此時醬汁的顏色會比原本還要深且有光澤。

這些濃稠的醬汁稱為釉汁，除了增添光澤加強視覺效果外，還有提升味覺的功效。釉汁不僅有潤色的效果，因為醬汁已經過濃縮，所以和牛精粉一樣有調味的作用。（如圖4-14）

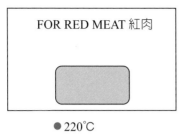

● 220℃

加蓋將紅肉放入烤箱。

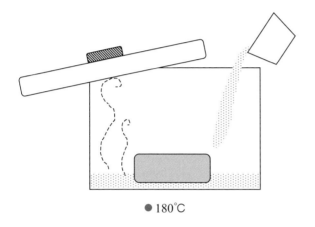

● 180℃

加入液體將其煮沸。

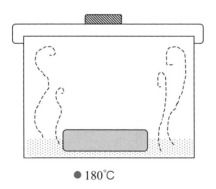

● 180℃

加入食物高度的1/4量液體，以180℃燜煮。

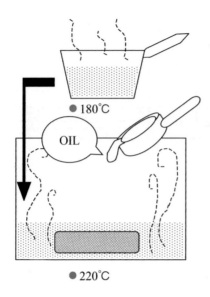

● 180℃

OIL

● 220℃

將高湯的油、雜質過濾

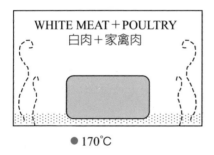

WHITE MEAT + POULTRY
白肉＋家禽肉

● 170℃

加蓋將白肉或家禽肉放入烤箱。

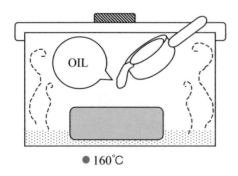

OIL

● 160℃

加入食物高度的1/6量液體，以160℃熬煮至濃郁並且隨時淋上油脂。

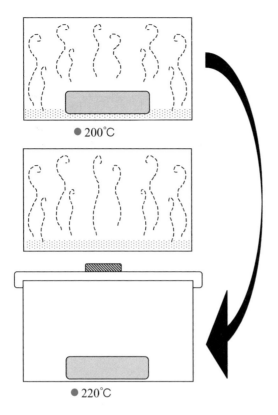

● 200℃

● 220℃

取出食物再加入白酒或已過濾的高湯，並且撈除雜油煮沸。
食物溫度由攝氏200度加高至220度，使其色變深成褐色。
（BROWN）

圖4-14　燜、熬肉的方式

6. 燜、熬Braising 2 for Vegetable

　　燜製法同時也適用於某些特定的蔬菜類，不過蔬菜不需先經焦
化，僅需稍加翻炒後，與少量的液體並用小火燜煮就好。常用於
燜煮的蔬菜有：萵苣、包心菜。
　　燜煮的溫度不要太高，需要持續用低溫，將熱能慢慢送進食物內
部，不致於讓食物燒焦。食物接受到熱能後，會將熱能往溫度較
低的內部傳送，直到聚集的溫度高於外表，之後溫度會再回流到
食物外表。藉由這樣的反覆流動，可使蔬菜的纖維素徹底破壞，

進而達到軟化作用的水解效果。

以下為燜煮蔬菜、魚類的簡易步驟：（如表4-2及圖4-15）

表4-2　燜煮蔬菜、魚類的步驟

步驟	Braising Vegetable 燜煮蔬菜	Glazing Vegetable 上釉汁於蔬菜中	Braising Fish 燜煮魚類
1	連同其它佐料燉煮一下。	事先經過汆燙。	先將佐料燉煮一下。
2	加入高湯或其它汁液，到達食物高度1/3。	加入少許油或水，並加一點糖。	加入魚高湯及酒（1：1）再煮一下。
3	放進烤箱。	放在爐子上燜煮，最後搖動食物並上釉汁。	放在烤箱裡，偶爾上一層油。

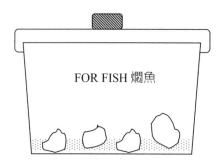

FOR FISH 燜魚

在一開始加蓋進烤箱燜後，可加入魚高湯及酒燉煮。

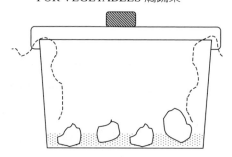

FOR VEGETABLES 燜蔬菜

以攝氏160度燜煮蔬菜直到軟嫩後，將高湯取出。

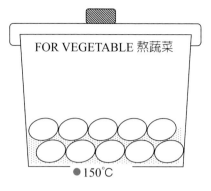

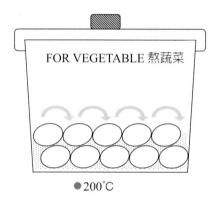

將蔬菜排好加蓋熬煮。

熬煮時搖動蔬菜，使其均勻覆蓋上湯汁。

圖4-15 燜、熬蔬菜的方式

7.燉Poeler

Poele在法文中為平底鍋，Poeler則為動詞，有「用平底鍋烹煮」的意思。其烹調方法是將食物放進鍋子中，開始時先用低溫不加蓋燉煮，之後再加蓋子燉煮。與燜煮不同的地方在於燉煮不會額外添加液體進去，僅利用食物本身油汁持續用低溫（140～160℃）煮，最後掀起蓋子，用高一點的溫度（160～180℃）讓食物焦化。使用燉煮的對象主要是禽肉類的動物，欲判斷食物是否燉熟，只需將食物拿起尾部朝下，讓油汁流到蓋子上。

在燉煮之前，需要先將食物汆燙過，讓食物裡的雜質或血水等去除，再用乾淨的水去烹調。初步燉煮時要隨時檢查水面上是否有雜質、

泡沫，並撈除，因為那些泡沫雜質會影響成品的品質。（如圖4-16）

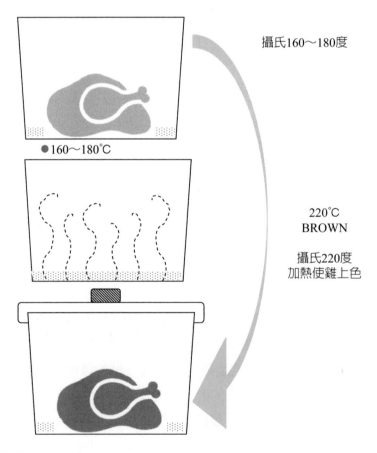

●140℃-160℃

利用食物本身油汁，用攝氏140～160度於烤箱內加蓋燉煮

攝氏160～180度

●160～180℃

220℃
BROWN

攝氏220度
加熱使雞上色

燉煮

圖4-16　燉的方式

8. 燴、濕熱法Stewing

　　燴是指先將油倒入鍋中加熱，再把食物加入並蓋上鍋蓋燉煮到熟，過程中最多加一點油滋潤，用低溫（120～140℃）烹煮，使水分不要流失。使用的對象為魚類、小塊肉片、水果、水分含量較高的蔬菜及蕈類，通常用來燴煮的食材，其本身的條件都較差，所以需要比其他烹調方式運用更多方法來提升味道。

　　在燴煮食物時，選用的高湯需要和烹煮的肉類相同，如：燴牛肉時選用牛高湯，不過如果沒有相同種類的高湯時，可選用較溫和的雞高湯或是水來代替。

　　燴菜的湯汁有點濃稠的原因在於燴煮的過程中會適時的添加麵粉，類似中餐的太白粉勾芡。但在法國料理中，燴菜的醬汁並沒有這麼濃稠，因此在燴煮的時候，少加入麵粉沒有多大的影響。

　　燴菜的重點主要是強調肉汁與醬汁的味道要一致，因此有人認為高湯的味道不可以太過強烈，怕會蓋過肉汁本身的味道，所以若是高湯太濃時，需加些水稀釋。除了用高湯來燴煮外，也可以用葡萄酒。通常是紅酒燴紅肉，不過白酒也可以，而白肉礙於顏色的關係，僅能選用白酒燴煮；而燴菜的顏色為白色的原因是在湯汁中添加鮮奶油或牛奶所致。

　　燴菜的湯汁用量原則上是要蓋過食物的高度，再用小火慢慢燉煮，這樣可以減少過多的湯汁流失，但白燴菜的水分會比紅燴菜的水分還要少一點，所以在製作的時候要注意湯汁的用量。

第三節　調味

　　除了食材的原料之外，為了嘗試不同味道需加入調味料，當拌合得宜會使得菜餚更美味。

一、味道

人類的味覺細胞位於舌頭表面，味蕾是由50～100個味覺細胞，經食物吃入口中，味覺經由分子活化後，可在味覺細胞內產生傳遞信息，進入感覺神經，將信息傳入大腦感覺皮質，讓我們嘗到了味道。人們的舌頭，不同的部位對不同的味道會有感覺，舌尖對甜味敏感，苦味在舌根底部，酸味與鹹味在舌頭兩側被感受到。

(一)單一味道

即單一鹹、甜、酸、苦、辣、香之味道，甜味感覺區在舌尖，酸味在舌緣，苦味在舌後根，鹹味在舌尖與舌緣。

1. 鹹味：食材中加入如氯化鈉（NaCl）、氯化鉀（KCl）、鹽、醬油、豆腐乳就具鹹味，可提鮮、除腥。鹽可使食物水活性降低，達到食物保存之目的。

2. 甜味：食材加入糖、蜂蜜，具有甜味，可達到保存、提鮮之功效。

3. 酸味：水溶液在氫離子如食材加入醋、番茄醬、各種酸性水果果汁，可產生酸味，使人的食慾提高。

4. 苦味：人們大多不喜歡苦味，如苦瓜、陳皮。

5. 辣味：辣味具有促進食慾之功效，以辣椒、胡椒、蔥、薑、蒜作辣味之調味。

(二)複合味

將兩種或兩種以上的味道調和而成，如酸甜、甜鹹、辣鹹、麻辣、香辣、鮮辣味。

1. 酸甜：由酸、甜味調和而成，如糖醋口味，將糖、醋、醬油、水調勻。

2. 甜鹹：由鹽、糖調味而成。

3. 辣鹹：由鹹味、辣味調味，大多由辣椒、鹽作用。

4. 麻辣：由花椒、辣椒調味而成，將乾辣椒、紅油、花椒粒、鹽、

醬油、白糖、薑末、蒜泥拌炒。

5. 香辣味：由鹹味、香味、辣味調和，如咖哩粉、芥末醬。用溫水調入芥末粉加少許糖、鹽即成。

6. 鮮鹹味：由鹽、味精或海鮮加工而成。

7. 椒鹽味：將花椒、鹽以1：3之比例拌炒而成。

8. 魚香味：蔥末、薑末、蒜末拌炒，加入醬油、醋、辣豆瓣醬調製而成。

二、醃料

下列為一斤食材之醃料：

(一)醃魚

糖4T、醋3T、水3T、醬油1T、酒1T、太白粉2T、鹽T、麻油1T

(二)醃雞

蔥1支、薑3片、八角1顆、醬油4T、酒1T、蛋白0.5個、太白粉1T

(三)醃豬肝

醬油4T、酒1T、太白粉2T、糖1T、味精1T、胡椒粉1T、鹽1T、蔥段10支、薑片6片。

(四)醃肉絲

蔥屑1T、薑屑1T、醬油1T、酒T、鹽1t、太白粉1T、蛋1個。

(五)醃蝦：

鹽1T、太白粉2T。

三、調味料

下列為一斤食材所用不同口味的調味料：

(一)糖醋

醬油5T、酒1T、糖4T、醋3T、太白粉2T、水3T。

(二)紅燒

八角1顆、醬油2T、酒1T、冰糖1兩、鹽1T、麻油1T、水2c。

(三)茄汁

　　鹽1.5T、糖1.5T、酒2/3T、水1c、番茄醬3T、太白粉2T。

(四)辣味茄汁醬

　　鹽1T、番茄醬3T、辣醬油1T、酒1T、糖1T、水5T、太白粉1T。

(五)蠔油醬

　　蠔油3T、醬油0.5T、味精1T、鹽1T、糖1/2T、酒1T、水2c、太白粉1T。

(六)麻辣味

　　紅辣椒3支、花椒粉1t、醬油2T、醋1T、鹽1T、糖1T、太白粉1T。

(七)宮保味

　　醬油2T、酒1T、糖1T、醋1T、太白粉1T、麻油1T、鹽1T。

(八)香味

　　蔥屑1T、醬油1T、醋1T、辣瓣醬1T、酒1T、鹽1t、太白粉2T、麻油1T。

(九)芝麻醬料

　　芝麻醬2T、醬油2T、醋1T、糖1T、鹽1T、麻油1T、味精1T。

(十)辣豆瓣味

　　黃屑2T、薑屑2T、辣豆瓣醬2T、醬油2T、酒1T、鹽1T、糖1T、醋1/2T、太白粉1T、麻油1T、水1c。

第四節　調味料

　　中式烹調中，調味料種類非常多，現以較常用的，如鹽、醬油、醋、甜麵醬、辣豆瓣醬、味噌、沙茶醬、紅糟之特性及製造方法、選購及儲存加以介紹。

一、鹽

　　臺灣光復後，鹽仍是重要經濟物質，隨著工業起飛，臺灣用鹽量

大增，需大量依靠進口。也由於製鹽成本高漲，臺灣土地應用價值的變動，各地鹽田一一廢止。目前的七股鹽場可能成為臺灣最後的鹽田。

(一)鹽的用途

鹽依用途分有下列幾種：

1.晒鹽、洗滌鹽

由布袋、七股、北門等三個鹽場產製，目前晒鹽年產能20萬公噸，洗滌鹽年產能20萬公噸。晒鹽含有氯化鈉96％以上，水分4％以下。洗滌鹽含有氯化鈉98％以上，水分2％以下。主要用途有工業、農業、漁業及食品加工業。

2.高級氯化鈉

氯化鈉99.5％以上，水分0.5％以下，主要用途在製造生理食鹽水及洗腎透析用鹽。

3.精鹽系列

(1)高級精鹽

氯化鈉99.5％以上，水分0.5％以下，碘酸鉀20～35ppm。可做烹調及餐桌上調味用或醃及洗滌蔬菜水果，甜脆美味、蔬果不變色，也可用來刷牙漱口，防止口腔疾病。

(2)無碘鹽

氯化鈉99.5％以上，水分0.5％以下。忌碘者可使用作為烹調及餐桌上調味用或醃及洗滌蔬菜水果，甜脆美味、蔬果不變色，也可用來刷牙漱口，防止口腔疾病。

(3)普通精鹽

氯化鈉98％以上，水分2％以下。作為工業、農業、漁業及食品加工業之用途。

(4)如意精鹽

氯化鈉98.5％以上，水分0.5％以下，不易受潮結塊，適合餐桌及野餐旅遊時食品調味用。

(5)細粒鹽

氯化鈉99%以上，水分0.5%以下，碘酸鉀20～35ppm，速食業加工用。

(6)健康低鈉鹽

係以47%之氯化鉀來取代氯化鈉，其口味較淡。另並添加微量的乳酸鈣、檸檬酸鈉等成分，以緩和及隱蔽氯化鉀所產生之苦澀味，為特殊營養食品（非藥品），鹹味與高級精鹽一致，主要供需限制鈉攝取者，亦可供一般人保健使用。可降低鈉之攝取量，並可增加鉀之攝取。

氯化鉀47%，氯化鈉48%，成分包括氯化鉀、氯化鈉、檸檬酸鈉、乳酸鈣、磷酸三鈣、反丁烯二酸、甘草酸一銨、碘酸鉀。產品用途可增加膳食之味道，使健康與美味雙效合一，可助維持人體細胞內外體液之平衡，調節維持體內水分含量及血液中酸鹼值的平衡以及維持人體之新陳代謝作用。如果缺鹽可能引起肌肉痙攣、頭痛、噁心、下痢、全身懶散等症狀，情況嚴重可能會因心臟衰竭而導致死亡。其可代替一般食鹽，作為烹飪、餐桌、旅行、野餐、烤肉之調味品，使用量與一般食鹽相同。

(7)健康美味鹽

其口味、鹹度不但與一般食鹽不相上下，更可降低一般食鹽中約30%的氯化鈉（攝取食鹽中過多的氯化鈉對身體健康，如高血壓、心臟病、水腫等不利的影響），並增加對人體有益的氯化鉀。

氯化鈉70%，氯化鉀27%，產品成分有氯化鉀、氯化鈉、乳酸鈣、磷酸鈣（流動劑）、硫酸鎂。產品用途可增加膳食之味道，使健康與美味雙效合一，有助維持人體細胞內外體液之平衡，調節維持體內水分含量及血液中酸鹼值的平衡及維持人體之新陳代謝作用。如果缺鹽可能引起肌肉痙攣、頭痛、噁心、下痢、全身懶散等症狀，情況嚴重可能會因心臟衰竭而導致死亡以及有助於防止肌肉衰弱、嘔吐、食慾不振，全身倦怠、反

射不敏及心律不整、心跳弱而快等症狀。其用法可代替一般食
鹽，使用量與一般食鹽相同。

⑻複方料理鹽

成分有氯化鈉92.5％、氯化鉀、天然甘味劑、硫酸鎂、乳酸
鈣。用途作為烹調用，添加天然胺基酸及核苷酸作為甘味劑，
料理不用加味精並富含多種礦物質（包括鋅、鈣、鎂等元
素），補充人體需求。（圖4-17）

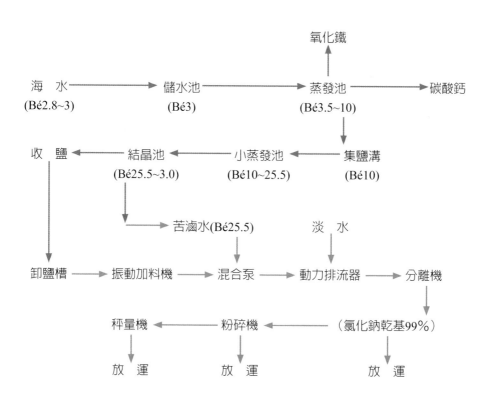

圖4-17 機械製鹽流程圖（參考資料：臺鹽公司）

二、糖

(一)糖的種類及製造方法

市售糖有蔗糖、冰糖、方糖、糖粉、赤糖、果糖、蜂蜜、轉化糖漿、玉米糖漿、巧克力等,其製造方法如下:

1. 蔗糖

蔗糖是由甘蔗汁加工製成的,首先將甘蔗經壓榨或以熱水燙泡使甘蔗汁浸出,可由石灰法製成粗砂糖,或由碳酸法製成白砂糖。所謂漿,再用眞空濃縮後將糖煮成結晶形,經離心法將結晶析出,並經烘乾即爲二級砂糖。所謂碳酸法（Carbonation process）是指將甘蔗汁加熱後,加入石灰乳及二氧化碳,使雜質析出,將雜質過濾出來後,加熱並通入二氧化碳使雜質形成沉澱,再通入二氧化硫加以漂白,並以眞空濃縮使糖形成結晶,經乾燥後即成白糖（White sugar）又稱爲特級白砂（Swc）。

2. 赤糖

又稱爲紅糖,其製法是將甘蔗汁以鐵鍋慢煮,加入石灰乳煮至高濃度後,倒於板框,冷卻後形成塊狀者稱之,因雜質未完全撇除,所以品質較粗。

3. 冰糖

將純淨白砂糖溶解成70～72° BX（BX表示溶液中固形物的重量百分比）之濃厚液體,放入淺容器於50～70℃之室內架上,經兩週後即形成巨大蔗糖,經洗滌、乾燥即成冰糖。

4. 方糖

將白砂糖粉碎,加入少量潔淨的飽和糖液,混勻後倒入模型內,壓成固形方塊,再以60～65℃空氣來乾燥。

5. 糖粉

將白砂經粉碎機磨成100～400篩孔的細粉,爲防止結塊,有的加少許麵粉。

6.果糖糖漿

果糖的製法可分為三種，可由蔗糖經過酸或蔗糖轉化酵素處理生成葡萄糖和果糖，或由葡萄糖經鹼性觸酶〔NaOH、Na_2CO_3、$Ca(OH)_2$等〕處理生成果糖，或利用葡萄糖轉化酵素，將葡萄糖轉化為果糖。

以果糖糖漿之酵素製法為例，係將放線菌（Streptomyces albus）放入小麥及玉米花浸出液（Corn steep liquor）培養，產生葡萄糖轉化酵素後，加入50％葡萄糖水溶液，於65～70℃、pH6.8～7.2攪拌70小時，經活性碳過濾，再經離子交換樹脂脫色，即得35％果糖糖漿。

7.轉化糖漿（Invert syrup）

蔗糖經鹽酸為觸媒之催化與水起水解作用（Hydrolysis），分解為葡萄糖和果糖。在溶液中有葡萄糖和果糖存在，因果糖具有強的左旋性，使混合溶液呈左旋性，故稱此溶液為轉化糖漿。

8.玉米糖漿（Corn syrup）

糖漿稱之。可將此糖漿經濃縮形成結晶，即玉米糖（Crude corn sugar），若以玉米澱粉完全水解後，經濃縮再以噴霧乾燥製成，即為市售的葡萄糖。

9.巧克力

巧克力由天然可可脂加入砂糖、奶粉、乳化劑，經攪拌、磨細、精煉等加工，得到液狀巧克力，再經調溫、成型、冷卻所得到的成品。巧克力的製作是將全部原料藉著攪拌機拌合，油脂只加入全數的40～60％，再以滾輪式來細磨攪拌好的原料，在40 micron以下，經16小時精煉，將原料中水分去除，將巧克力調成Beta型結晶，使其熔點與人體體溫接近。

巧克力因糖及脂肪含量高，易產生變質現象，其變質的現象為光澤、亮度不佳、外表有灰白斑長黴現象、砂糖結晶於表面或裂開的現象。

巧克力貯放不應超過23℃，宜放於20～22℃，相對濕度在50～60％，避免陽光直射，避免老鼠、昆蟲的蟲害，不能與具有強烈味道的食物或用品放一起。

(二)糖的性質

糖在食物製備時有下列的幾項特質：

1.水解作用（Hydrolysis）

糖如砂糖是由單醣結合而成的雙醣類，它在水溶液中糰中，糖會受酵母的轉化糖酵素（Invertase）作用，分解成葡萄糖和果糖。

2.吸濕性（Hygroscopicity）

糖會吸收空氣中的濕度，因此糖容易結塊，爲使成品有好的外型與組織，如製作烤焙成品時應過篩。

3.焦糖化反應（Caramelization）

糖經過加熱後，分子間互相結合形成聚合物，顏色焦化，此時形成的物質稱爲焦糖（Caramels），糖越多焦化愈快，pH越高時，焦化的顏色越深。

4.梅納反應（Maillard reaction）

又稱爲糖胺反應（Sugar-amine reactions），將還原糖與蛋白質加熱或儲存，溫度太高時糖會形成類黑糖（Melanoidins），使食品顏色變深。

5.具防止微生物生長之作用

如製作蜜餞時加入大量的糖，由於糖與水結合，降低水活性，可抑制微生物的生長。

(三)糖果的分類

將糖、水、乳化劑及其他材料，經加溫烹煮至一定溫度後可做各種糖果：

1.硬質糖果（Hard candies）

以砂糖爲主要原料，加入麥芽糖或轉化糖，煮至140℃以上，水分僅1％。此類糖果質地較脆，如一般的水果糖、脆糖等。

2.咀嚼糖果（Chewy confection）

以砂糖、麥芽糖、油脂、牛奶為原料，經加熱煮至水分約7～15％。此類糖果易於咀嚼，如牛奶糖、口香糖。

3.氣泡糖果（Aerated confection）

在糖製造過程中加以攪拌，使糖果的組織含大量空氣，如牛軋糖、方登軟糖。

㈣糖加熱後的變化

糖經過加熱後，其性狀隨溫度的上升有很大的變化。（如表4-3）

表4-3　糖加熱後的變化

階段	溫度	狀態	產品名稱
線狀 （Thread）	110～113℃	將糖煮2～3分鐘時，糖漿由湯匙舀起成線狀。	糖漿（Syrup）
軟球形 （Soft ball）	113～118℃	將糖漿滴入水中呈軟球形。	方登軟糖（Fondant） 福球軟糖（Fudge）
硬球形 （Hard ball）	118～129℃	糖漿滴入水中形成硬球。	棉花糖（Marshmallows） 牛軋糖（Nougat）
軟而龜裂 （Soft crack）	132～143℃	糖漿滴入冷水呈絲狀具脆質感。	奶油糖（Butterscotch） 太妃糖（Taffy）
硬而龜裂 （Hard crack）	149～154℃	糖漿滴入冷水呈硬球且脆質感。	脆糖（Brittle）
焦糖狀 （Caramel）	154℃以上	糖呈棕色，煮至再高溫度則具苦味且呈黑色。	焦糖（Caramel）

㈤糖果的製作

現介紹糖果製作時所用的原料及用具：

1.糖果的原料

作糖果時大多用下列的原料：

⑴糖：大多選用砂糖，但以砂糖所作出來的糖果質，加入麥芽

糖，可防止結晶出現且吸濕性乾強，增加作出來糖果之光澤度。

(2)油脂：糖果製作常加入奶油、人造奶油，可使作出來的糖果具有香味、光澤，且製作時較不易沾黏用具上。

(3)奶類：主要用鮮奶、煉乳及奶粉，可增加糖果之營養與風味。

(4)澱粉：主要採用顆粒細，經加熱不會改變顏色的澱粉。經拌打起泡後，加入糖果中使成品稍鬆軟。

(5)乾果類：常加入花生、核桃增加風味及價值感。

(6)酸：常加入檸檬酸、酒石酸、蘋果酸來增加糖果之風味。

2.用具選用

製作糖果時需準備下列用具：

(1)標準量杯和量匙：以量取正確分量的材料。

(2)溫度計：最好有量糖溫的專用溫度計，若沒有則所用的溫度計一定能量到300℃者，而且刻度標識一定要清楚。

(3)煮鍋：所用煮鍋鍋面一定要光滑，最好用不沾鍋，因上鍍鐵氟龍較不易沾黏。若糖冷卻黏於鍋面，可加水煮至糖溶化趁熱倒掉，可保持鍋子乾淨。

(4)不鏽鋼盆：用來拌打蛋白或洋菜，並需具有足夠大的容積，可作混合材料之用。

(5)防熱手套：由於糖溫太高使鍋緣太燙，因此可用防熱手套取拿。

(6)攪拌匙與刮刀：可用來拌勻糖漿與其他材料。

(7)方形淺盤或成形模型：作糖果定形之物。

三、醬油

依其製造時所用的原料及方法，可分為釀造及化學合成。其中釀造醬油是以黃豆與小麥為原料經製麴後，加入食鹽水，再經發酵熟成、壓榨、殺菌而成，而化學合成則以鹽酸分離黃豆蛋白所形成的。

(一)醬油的製造

以釀造醬油為例，其製造方法如下：

1. 原料選擇與處理

將黃豆脫去脂肪後，以大小均勻無蟲咬、蛋白質48～50%的脫脂黃豆為主要材料，將黃豆脫脂的目的是由於黃豆經脫脂處理後，黃豆膜破裂使其吸水性好，酵素滲透較容易。

將黃豆與小麥混合蒸煮約一小時，使煮完後黃豆水分為60～62%，與小麥混合後水分為47%。

2. 製麴

選擇品質優良的種麴如蛋白分解酶（Protease）、澱粉酶（Amylase），將種麴放於28℃的溫度8～18小時，翻面經8小時後，再翻動一次，急速冷卻至25℃，共計三天，故又稱為三日麴。

3. 熟成

將種麴與食鹽水以適當比例調配，進入發酵池進行熟成二個月，稱為醬醪。

4. 壓榨

將醬醪經過壓榨，使醬油與醬油粕分離。

5. 調整與低溫殺菌

將醬油在15℃下貯放三天，予以澄清後再用80℃，十分鐘殺菌。為防止醬油出廠後第二次沉澱，將它以65～70%保持殺菌四十分至二小時。

6. 冷卻後包裝。

化學性醬油之製作是以脫脂大豆為原料，加入鹽酸濃度10～15%使之分解，再以碳酸鈉（Na2CO3）中和至pH為5.0～5.1，經過濾後脫色、脫臭並加食鹽水而形成的。

(二)醬油之種類

市售的醬油有下列幾種：

1. 陳年醬油：將發酵後的醬油醪放置2～3年後，再經壓榨、殺菌而

製成的。

2. 醬油露：其內容所含釀造醬油較化學醬油的成分高。

3. 醬油膏：釀造醬油在殺菌前加入10～15％的糯米澱粉。

4. 淡色醬油：在醬油製造時，加入醬色較少，又稱為白醬油。

5. 薄鹽醬油：又稱為淡味醬油，此類醬油所含的鹽分僅為一般醬油之一半，由於其鹽分低，較不易保存。

6. 無鹽醬油：其內所含的氯化鈉由氯化鉀來取代，為人工合成之醬油，一般為腎臟病、心血管疾病者所使用。

7. 醬色：由糖經高溫加熱所形成的黑褐色濃稠性物質，一般江浙館中的菜餚，用以加深紅燒後菜餚的顏色。

(三)醬油的選購、使用與儲存

1. 選購宜用甲等醬油，因它合於我國國家標準。選用小包裝且包裝上有製造廠商名稱、地址、製造日期、所使用添加物名稱及用量。

2. 使用時應注意。以適量為宜，若倒出來太多不宜再放入原罐中，會影響整個醬油的品質。使用時若表面有白膜，表示由酵母所產生的白膜，最好不用。

3. 儲存注意事項為應放於陰涼乾燥處，避免陽光直射或溫度太高的地方，貯放時間不宜太長。

四、醋

醋依製造的原料與過程可分為釀造醋、合成醋與加工醋。釀造醋是指以澱粉、糖或酒精為原料，經微生物發酵後過濾而成的，如米醋、蘋果醋、鎮江醋等。合成醋完全不經過發酵過程，僅冰醋酸稀釋，配上胺基酸、有機酸、果汁、香料、調味料等所作成。加工醋即釀造醋經蒸餾、加香料或合成醋加入其他材料所調配而成的。現將醋的製造、功用、選購、使用介紹如下：

(一)醋的製造

1.釀造醋：以米醋為例，將米泡水三天，每日換水一次，入鍋蒸三小時，蒸好放入甕中，加入沸水，經二十天後，加水讓它發酵，三日攪拌一次，經三個月後即成米醋。釀造醋具有溫和、甜醇美的味道，有促進食慾的芳香。

2.合成醋：以冰醋酸加入葡萄糖酸、乳酸，配入葡萄糖或人工甘味料、香料、著色，使成酸度為10～45％，放7～10天經50～60℃殺菌所做成的，具有刺激性的醋香，有刺舌的辣酸味。

3.加工醋：將釀造醋蒸發出水分或在麥芽或果實醋中加入蒜、洋蔥、月桂葉等香料浸泡而成的。

(二)醋的功用

1.可去魚類之腥臭味：在魚的處理中，如烹調前抹上醋或烹調中加醋，可使引起魚腥臭味的三甲基胺（Trimethylamine，即TMA）與醋結合形成鹽類，因此可降低或除去魚的腥臭味。如淡水魚含有濃厚的泥土味，將牠放於滴有醋水盆中半小時可消除泥味。

2.可使蔬果中含花青素、二氧嘌基等色素的紫色、白色蔬菜，色澤更好，如洋蔥加醋色更白，對綠色蔬菜加入醋則形成黑籽酸鹽，顏色更差。

3.促進食慾：醋的酸味能增進食慾，如涼拌菜、泡菜中常加醋，可使人食慾大增。

4.醋具有去黏、除澀之作用：醋可去除牛蒡、芋頭之黏液及蔬果之澀味。

(三)醋的選購、使用及儲存

1.醋選購正字標誌。

2.醋放久後若瓶蓋未密封，會氧化生成二氧化碳和水使酸味變淡，因此使用後一定緊密。

3.存放於陰涼處，避免高溫或陽光直射。

4.存放久未用完的醋，若有沉澱物出現，是因加工過程過濾不完

全，此時醋仍可用。

五、味噌

　　味噌主要是由黃豆及白米經過發酵釀造而成，具有特殊的色、香、味，其製造過程、選購、使用及儲存注意事項如下：

(一)味噌的製造

　　1.原料的處理：將黃豆、白米篩選去砂石、雜物後，再以洗淨機洗淨，經浸泡，再經蒸煮。

　　2.加種麴：將米冷卻後拌入好品種的種麴，於37～40℃下六小時做第一次翻麴，再經六小時後做第二次翻麴，並加入碳酸鈣。

　　3.加鹽、混合及攪碎：將蒸好放冷的黃豆，與鹽、種麴置入混合攪拌機，混合攪碎。

　　4.熟成：將拌好的醬放入缸、桶中發酵熟成，醬需壓緊不留空隙，夏天約20天，春秋30天，冬天40天。

(二)味噌之分類

　　味噌有很多分類法，如以製麴的原料來分味可分為甜味噌、鹹味噌；依色澤可分為白、黃、紅味噌；依釀造時間可分為天然味噌或速釀味噌。

(三)味噌之選購、使用及儲存

　　1.味噌之選購：由於味噌口味有很多種，因此需依自己的需要來選購。選購時以精美的小包裝為宜，不要買木桶零售包裝者，同時包裝外應有良好標示者。

　　2.在使用及儲存方面：買適量的材料，儘可能短時間內用完，開封後未用完則需將封口密封，貯放冰箱冷藏室。

六、豆瓣醬

　　以蠶豆或黃豆為原料，加入辣椒、胡椒、茴香等香料經釀造製成的。

(一)豆瓣醬的製造方法

蠶豆洗淨，移去破碎豆、碎石等雜質，浸泡水中一至二天，盛放竹簍內淋水讓它發芽至芽的長度為豆之1/3，剝除豆皮，蒸熟磨碎，加入炒黃的麵粉、種麴及鹽，讓它發酵二至五個月，再加入辣椒、胡椒，放入罐中予以沸水殺菌20分。

(二)豆瓣醬的選購、使用及儲存

醬則應將鹽量減少，開封後未用完則密封後放冰箱冷藏室儲存。

七、甜麵醬

係以麵粉、鹽及水為原料，蒸熟再經熟成後形成甜味的醬。

(一)甜麵醬之製造方法

麵粉加水及酵母和成麵糰，待發酵膨大後加入少許麵粉形成塊狀，入蒸籠蒸熟，再加入種麴、鹽及水，一個月發酵，裝罐殺菌。

(二)甜麵醬之選購、使用及儲存

1.甜麵醬應選擇包裝精美，有明確標示，封口緊密的成品。

2.由於甜麵醬稠度很高，因此使用時需加少許液體調勻。

3.將未開蓋的甜麵醬儲存於室溫陰涼處，已開封未用完者應儲存於冰箱冷藏室。

八、辣椒醬

辣椒醬的製造是以生辣椒為材料，經過洗滌、風乾、切碎後，加入鹽，炒好茴香、花椒，經三至五個月發酵後，取出加鹽水磨碎。其選購、儲存與其他調味醬一樣，使用時切忌有水滴拌入或將已取出而未用完的辣椒醬拌入，會有發霉現象。

九、紅糟

以糯米為原料，將它洗淨後，加水浸泡11小時，置於蒸籠中大小蒸1.5小時，取出趁熱潑冷開水至40℃時拌入紅麴與白麴，經四天後，

加入溫開水每天攪拌，至第十天後予以密封熟成一個月，再加鹽均勻混合。

十、甜酒釀

糯米蒸熟，沖冷水後至溫度為40℃時，均勻撒以白麴粉，放入甕中，中間挖洞形成凹形，經三天即成酒釀。

十一、咖哩粉

以薑黃粉、胡椒、辣椒、芥子、甜胡椒為材料做成粉狀的調味粉。

十二、沙茶醬

將花生炸熟磨碎，加入紅蔥、醬油、糖、蒜頭、辣椒、胡椒、鹽等材料所製成的。

第五節　香辛料的作用、種類、特徵及用途

香辛料是指能改變或增強食品風味的材料，如蔥、薑、丁香可矯正原來材料的特殊腥臭味，使食物具有香味。研究結果顯示，洋蔥、蘿蔔、大蒜對於大腸菌、沙門氏菌具有抗菌作用。（如表4-4）

表4-4　香辛料的種類、特徵及用途

香辛料種類	特徵	用途
鬱金 （Curcuma longa）	根莖呈深橙黃色、塊狀、肉黃、具香味，開花期在8～11月，花色為淡黃色，有漏斗狀唇瓣。	根莖磨成粉，作為咖哩粉的著色劑，含黃色色素（Curcamine, $C_{21}H_{20}O_6$）。
薑 （Ginger）	根莖呈深黃色、肉黃、塊狀。開花期5～6月，花為黃色。	根莖乾燥後可作健胃劑。

香辛料種類	特徵	用途
胡椒 （Pepper）	胡椒為兩性花，開花後結成漿果，果實呈圓形或橢圓形，內含1粒種子。 市售有黑胡椒與白胡椒之分，當果實成熟前採收乾燥後，使果皮變成黑色稱為黑胡椒，果實成熟後，去果皮乾燥，表面成白色，稱為白胡椒。	作調味料及製造咖哩粉的材料，主要成分為胡椒鹼（Pepperine），用來作香辛料。 白胡椒較黑胡椒氣味好，但亦有人較喜歡黑胡椒的氣味。
八角茴香 （Star anise）	常綠喬木，果實呈放射星芒狀，有八個角呈褐色，果實以水蒸氣蒸餾可得八角茴香油（Star anise oil）。	即八角常作滷肉、紅燒肉之香辛料。
豆蔻 （Nutmeg）	常綠高喬木，果實呈卵球形、肉質、果實成熟後，內有黑色種子，種仁油多，可作香辛料。	將果實以水蒸氣蒸餾可得豆蔻花油，果實脫澀後，加以乾燥粉碎，可加入咖啡粉中。
山葵 （Wasabi）	利用山谷流水栽培稱為水山葵，在陸地栽培的稱為油山葵，根莖大。	新鮮根莖磨碎，可作為生魚片、壽司、肉類調味料。山葵具辛辣味可刺激食慾，幫助消化。
花椒	落葉灌木，9～10月果實成熟，種子為黑色。	花椒種子乾燥後做食品香料，將果實以水蒸氣蒸餾後可作成精油，烹調時常將它炒香，碾碎後使用。
芥菜子 （Mustard seed）	一年生草本，葉緣為不規則呈齒狀，花小、色黃、種子小。	利用種子磨成粉或作成芥末醬，通常使用芥末粉時，加水後1小時內速予食用，否則會使芥末粉酵素喪失功用，失去辛辣味。
丁香 （Clove）	6～8月開花，花蕾最初為青綠色，變黃再轉紅，即可採收，採收後花蕾可做成香料。	丁香花蕾經乾燥後具有特殊香味，可用作調味料，而且具有殺菌防腐力，可作為食品保存劑。粉末狀的丁香粉可作為甜點的調味料，除此之外，可用水蒸氣蒸餾出精液油含En-genol。

香辛料種類	特徵	用途
蒔蘿 （Dill）	1年生草本，全株無毛，具有強烈的香氣。	種子可作咖哩粉香料，葉用於作湯。 將種子以水蒸氣蒸餾可得精油，其成分為Carvone具強烈芳香味。
姬茴香 （Caraway）	2年生草本，根為黃白色，肉質細緻，果實是長橢圓形，黃色具芳香味。	果實主要成分為Carvon，可作為餅乾、麵包、香腸、洋酒之香料，根可作蔬菜，風味與胡蘿蔔相似。
馬芹 （Cumin）	1年生草本，花青白色，種子為黑色，有辛味及香氣。	種子作咖哩粉的混合香料，用於作湯、香腸、麵包之香料。
小茴香 （Fennel）	多年生草本植物，果實圓柱形。	果實蒸餾後可得精油成分為茴香醚（Anethol, $C_{10}H_{12}O$），作為麵包、洋酒、飲料之香味料。
九層塔	1年生草本，株高60公分，葉成長橢圓形，花為穗狀輪繖花序。	新鮮葉或嫩芽可作為蔬菜調味料，可提煉精油用於麵包、酒、醬油、醋湯。
紫鮮	1年生草本，葉對生，呈鋸齒狀。株高90～120公分。	葉可作著色劑、香料及精油，葉常作為梅子之著色劑，種子可提煉香油。
桂皮	為樹木的皮，用於烹調腥味較重的菜餚。	以質細、有桂香、甜、土黃色為佳。
咖哩粉	以薑黃粉為主，加上白胡椒、芫荽子、小茴香、桂皮、花椒、薑片調配而成。	色黃、味辣而香。
五香粉	由薑、桂皮、草果等香料研磨而成，有多種香味。	使菜餚發揮出誘人香味。
蝦醬	用小蝦及鹽研磨而成。	放入鮮肉、菜肉，味鮮美，可生吃亦可沾醬。
嫩精 （Meat tenderizer）	用木瓜萃取出木瓜精，可嫩化肉類。	煎牛排、炒牛肉前肉類可先浸泡少許嫩精，使肉變嫩。

香辛料種類	特徵	用途
黑胡椒粒 （Black pepper）	黑胡椒粒乾燥而成。	用於肉類或調味料，具胡椒原味。
粗粒黑胡椒 （Black pepper）	將乾燥的黑胡椒粒研磨成粉，一般以馬來椒研磨。	適合肉類醃製或湯類。
白胡椒粉 （White pepper）	將白胡椒粒乾燥再研磨成粉。	適用於酸辣湯或肉類醃漬。
美式胡椒鹽 （Pepper salt）	將黑白胡椒粒乾燥，再研麻成粉。	適用於炸魚炸肉或漢堡。
印度咖哩 （Curry powder India）	以薑黃及香料拌勻成粉狀。	適用於各種菜肴之調味。
香蒜粉 （Garlic powder）	將蒜頭乾燥再研磨成粉狀。	適用於魚去腥味、西式湯品、沙拉調味、牛排醬、大蒜麵包。
紅椒粉 （Red pepper）	將紅椒乾燥再研磨成粉。	適用於魚肉類、湯類或火鍋之調味。
花椒粉 （Szechuen pepper）	花椒乾燥磨成粉。	適用於燉、滷牛肉、醃泡菜、去魚腥味。
山葵粉 （Horseradish）	山葵乾燥而成。	用冷開水加入山葵粉作為生魚片沾醬。
肉桂粉 （Cinnamon ground）	將肉桂皮乾燥磨成粉。	用於烘焙麵包或魚肉類調味。
月桂葉 （Bay leaves）	月桂葉乾燥而成。	用於燉肉、蕃茄湯、煮馬鈴薯。
俄力岡葉 （Oregano leaves）	俄力岡葉乾燥而成。	用於燉肉、蕃茄湯及調味料。
匈牙利紅椒 （Paprika）	匈牙利紅椒乾燥而成。	浸泡肉類或撒在點心、馬鈴薯片或薄餅上。
迷迭香粉 （Rosemary ground）	將迷迭香乾燥而成。	用於家禽、家畜、魚類或湯類。
墨西哥香料 （Chili powder）	將墨西哥香料混合而成。	用於浸泡肉類、烘焙馬鈴薯、炒蛋或豆類。

香辛料種類	特徵	用途
荳蔻粉 （Nutmeg ground）	荳蔻乾燥磨成粉。	用於甜點、布丁或烘焙糕餅，可撒於甜甜圈。
香芹粉 （Celery powder）	將西洋芹乾燥磨成粉。	使用於湯類、調味汁、肉製品中。
丁香粉 （Clove ground）	丁香研磨而成。	用於巧克力布丁、烘焙糕點或肉類調理。
丁香粒 （Clove buds）	丁香樹之花苞乾燥而成。	用於火腿、豬肉、甜點、醃漬食品。
薑母粉 （Ginger powder）	薑母乾燥研磨而成。	去魚肉腥味、醃製魚肉作烘焙薑餅、薑麵包。
洋蔥粉 （Onion granule）	洋蔥乾燥而成。	用於醃肉、燉肉。
羅勒 （Basil leaves）	味道與九層塔相似。	用於烘焙產品、調味料，用於義大利麵、炒蛋。
凱莉茴香 （Garaway seeds）	又稱為葛縷子。	用於香腸、肉類加工及燕麥麵包。
芹菜鹽 （Celery salt）	芹菜乾燥加鹽。	用於燉肉烤肉、湯類。
小荳蔻 （Cardamon seeds）	小荳蔻乾燥而成。	用於牛肉餅或烘焙食品。
胡荽子 （Coriander ground）	胡荽子乾燥而成。	用於熱狗、香腸及烘焙食品。
小茴香 （Cumin seeds）	小茴香乾燥而成。	用於馬鈴薯、雞肉、肉類調理、烤肉、牛肉湯。

第五章

主食類

世界各國大多以米、麵粉、玉米、馬鈴薯、番薯爲最經濟的熱量來源，現分述於下。

第一節　米

米是人類重要的糧食，僅次於玉米和小麥，供給一半人口，主要產地在亞洲、歐洲南部、美洲和非洲。亞洲如臺灣、日本、朝鮮半島、東南亞；歐洲南部爲地中海地區；美國東南部、中美洲、大洲區。產量高至低排列爲中國、印度、孟加拉、越南、泰國、緬甸、菲律賓、巴西、日本。

各國米飯的吃法有所不同，在中國南方將它當主食，如家中生下男孩則以糯米烹煮做成油飯贈送給親友，新年做成元宵、年糕、蘿蔔糕、端午節包成肉粽來慶節；印度將它煮成白飯，配咖哩汁來吃；泰國除了做成白飯，亦做成米粉、米線、河粉；馬來西亞爲慶祝米豐收設感恩慶典，有文化舞蹈活動；美國則爲推廣米食，舉辦米飯烹飪大賽。

米爲世界重要的糧食，世界上有1/2的人口仰賴米爲食物。

一、米的種類

米的種類很多，然而依直鏈與支鏈澱粉之含量，將米分爲秈米（再來米）、梗米（蓬萊米）、糯米（長粒與圓粒）等種類。

1. 秈米：即臺灣本地的米，外型細長不透明，光澤少，橫切面呈放射狀，直鏈澱粉含量高，支鏈澱粉低，煮好後米粒鬆散，又分爲
   (1)軟秈種：適用作米飯、炒飯。
   (2)硬秈種：適用於做河粉、蘿蔔糕、碗粿、米苔目、發糕、米粉。
2. 梗米：又稱爲蓬萊米，由日本人引進臺灣，現爲臺灣人最常用的米，屬軟質米、外型短圓、半透明、有光澤、橫切面有平行排列的細長細胞。可作爲食用米、炒飯、壽司、米蛋糕、米果。

3.糯米：支鏈澱粉較高，直鏈澱粉低，外型不透明、潔白。

　　⑴長糯米：製作飯糰、油飯、肉粽、米糕、糯米腸。

　　⑵圓糯米：製作麻糬、紅龜粿、艾草粿、甜八寶粥等。

若依加工用途來分類可分為：

　1.糙米：只去除稻殼之稻米。

　2.胚芽米：糙米碾白過程中保留胚芽之米。

　3.白米：只留下胚乳之米，為精製白米。

　4.營養米：將白米外染營養劑，一般添加了維生素B complex。

　5.速食米：已經加工，只將它用開水浸泡或短時間烹煮即可食用。

　6.良質米：外型完整，沒有碎米粒、異形米或異物之米。

　7.有機米：在稻米栽種過程中，不施化學肥料或農藥之稻米。

　8.混合米：以糙米、胚芽米、白米，不同比例混合之米。

　9.發芽米：以糙米或胚芽米經科技方法讓它發芽再予以乾燥之米。

二、米的營養價值

(一)蛋白質

　　占7.5％，大部份以穀蛋白最多占80％、醇溶蛋白占5％。由於缺乏離胺酸，蛋白質品質不佳，可與肉類、魚類、蛋類、奶類共食，可提高其營養價值。

(二)醣類

　　澱粉占77.7％，含少許纖維素。

(三)脂肪

　　占1.7％，大多在胚牙中，在碾米過程中大多被碾除。

(四)礦物質

　　以磷為主，鈣較少。

(五)維生素

　　含維生素B_1、B_2，Niacin但在碾米，洗米、烹調過程中已損失。

三、米的產銷履歷制度

自民國96年以來行政院農委會推動稻米產銷履歷制度，有產銷履歷驗證標章（Traceability Agricultural Product簡稱為TAP）之稻米，必須遵守臺灣良好農業規範（TGAP）包括合法用藥、合理化施肥等規定，並依據事實進行作業紀錄，及使用資訊系統上傳與公開履歷紀錄。產銷履歷小包裝米上有標章、品名、驗證機構名稱、追溯碼、資訊公開之網址等標示，多數並標示資訊公開網頁之QR code，消費者可運用這些標示上網查詢其公開之履歷紀錄。

圖5-1　產銷履歷農產品標章，TAP為Tracable Agriclture Product之縮寫，中心圖案同時呈現綠葉－農產品、雙向流程箭頭－追蹤、追溯、G字型－安心、信心、放心、及豎起的大拇指－口碑形象等意象。本標章為通過產銷履歷農產品驗證之產品用之標章，未經驗證使用依法將處新台幣20萬元以上100萬元以下罰緩。

四、選購米之訣竅

(一)選購小包裝米

由於小包裝米的容量少，可吃完再買。

(二)包裝米上應有標示

現在國家標準米分三等級，一等是品質最好的，沒有碎米粒、異形米、熱損害米，包裝應標示品名、規格、產地、重量、碾製日期、保存期限、廠商名稱、電話號碼及住址。

(三)買國產品

國產米會標示產地為臺灣地區或生產縣市，若是進口米則會標示進口國家之國名。國產米新鮮又好吃，碾製日期越接近則越新鮮。

㈣買有CAS標章的米

有CAS標章代表原料爲國產品，衛生安全符合要求，品質符合標準，包裝標示符合規定。

五、米的烹調

㈠依烹調需要選用適宜的米種

不同的米適合不同烹調，如製作油飯用長糯米，製作湖州肉粽則依烹調後米粒已完全糊化，則需用圓粒糯米。

㈡可混合不同米、乾果加入烹調

爲了健康，可將各種雜糧、豆類、堅果混合烹調，增加營養價值。

㈢依米種添加適量水

再來米1杯米需加1.2杯水，蓬萊米則1杯米加1杯水，糯米則1杯米加2/3杯水。

㈣煮米中加少許油

米中加入少量鹽與油可使成品稍具甜味並具光澤。

㈤煮好飯後不能掀蓋，要燜至少5分鐘

東方人吃米飯要求米飯中米心要熟透，因此煮好飯不能馬上掀蓋，要經燜熟。歐洲人如土耳其、義大利、西班牙人吃的米飯要米心仍有硬度，則加水量常不太足夠，且煮時不燜。

六、米的儲存

臺灣天氣潮濕，開封後的米應存放米桶，米桶內可放乾木炭吸濕，放於陰涼乾燥處，夏天放一個月，冬天放二個月。

第二節　小麥

小麥起源於西亞，在五千年前小麥在印度、英國、西班牙。

小麥爲溫帶長日照植物，生長範圍爲北緯18°～50°，依播種季節分

為春麥、秋麥，春麥即春天播種，夏季收獲，秋麥即秋天播種，夏天收成。

世界各種不同的穀類磨成的粉，只有小麥磨成的粉，稱為麵粉。它的蛋白質加水形成的麵糰，會形成一層網膜就稱為麵筋，麵筋所形成的網膜可包容加入酵母後所產出來的二氧化碳與酒精，使麵糰膨脹，使烤或蒸出來的麵糰體積變大，產生鬆軟的組織，增添人們的口感。

一、麵粉之營養價值

(一)蛋白質

麵粉之蛋白質占9～13％，視小麥品種而有不同。

蛋白質含有醇溶蛋白（gliadin）、麥穀蛋白（glutenin）、球蛋白（globulin）、白蛋白（albumin）及蛋白胚（proteose），其中醇溶蛋白與麥穀蛋白是麵筋之主要成分。

(二)醣類

麵粉之醣類有澱粉、糊精、纖維素。

(三)油脂

麵粉含1～2％之油脂，含有亞麻酸、油酸、棕櫚酸葉占97％。由於麵粉之脂肪容易因水解或氧化造成酸敗，影響品質，因此盡量減少脂肪之含量。

(四)維生素

麵粉中含脂溶性維生素A、D、E、K及水溶性B群，但水溶性維生素B_1、B_2常在加工過程中受到破壞，因此在製粉過程再添加，予以強化。

二、麵粉的種類

(一)特高筋麵粉

蛋白質13.5％以上，用來做春卷皮、油條。

(二)高筋麵粉

　　蛋白質12.5～13.5％，用來做麵包。

(三)中筋麵粉

　　蛋白質9.5～12％，用來製作中式點心。

(四)低筋麵粉

　　蛋白質在8.5％以下，筋性弱用來製作蛋糕。

(五)無筋麵粉

　　將麵筋洗出，流下來的無筋麵粉又稱爲澄粉，製作蝦餃之外皮，製作好外皮是透明狀。

三、麵筋

　　所有粉類，只有小麥粉可做成能包容二氧化碳和酒精之麵筋，其中的麥穀蛋白、醇溶蛋白與水作用形成網狀結構，當麵粉加水醒15分鐘後就可形成，使麵糰由不工整顆粒形成具光澤之表面。

四、中式麵食製作

　　中式麵粉依加水的性質、加膨大劑、油可分爲下列幾類：（如表5-1）

表5-1　各式中式麵食的種類與特性

分類	冷水麵	燙水麵	發麵	油酥麵	麵糊
特性	中筋麵粉加冷水和成麵糰	中筋麵粉先用2/3滾水燙熟再加冷水和成麵糰	麵粉加水、酵母、油、糖、鹽讓它發酵	分為水麵及油酥麵，將油酥麵包入水麵中，桿開就會有油麵與水麵相同之麵糰	麵糊是指低筋麵粉加油、糖、蛋、膨大劑調成糊狀
	如水餃、貓耳朵	如蒸餃、鍋貼、韭菜盒子	包子	綠豆糕、咖哩餃之外皮	煎餅、銅鑼燒

五、西式麵包

美式麵包與丹麥麵包有下列不同點：（如表5-2）

表5-2　麵包種類

特性 ＼ 麵包	美式麵包	丹麥式麵包
成分	成分低，麵糰硬	成分高，麵糰柔軟
攪拌	需打出麵筋	不需打出麵筋
膨大來源	酵母作膨大來源 常溫發酵	酵母及裹入油作膨大來源 冷凍發酵
發酵	26～28℃ 發酵時間短	1～3℃ 發酵時間長
整型	做好麵糰再包餡	麵糰需裹油再折疊
性質	軟，儲存時間長	酥鬆、儲存時間短

第三節　玉米

　　玉米又稱為玉蜀黍、玉大黍、大蜀黍、番黍，為1年生禾本科植物，一萬年前在墨西哥就有玉米，印度安人也有3,500年種植的經驗，16世紀傳入中國，美洲為玉米產量很多的地區。玉米為雌雄同株，雄花開於植株頂端，雌花生於植株中部，雄花開花較雌花早3～5天，靠風、蜜蜂傳播花粉，讓它長出玉米粒。墨西哥有各種不同品種的玉米，如白色、黃色、深藍色、墨綠色、紫紅色，五彩玉米，墨西哥人將它列為重要的文化，常有祭儀來慶祝玉米豐收。中國將玉米分為白玉米、黑玉米、糯玉米。

　　其品種有硬粒形、馬齒形、半馬齒形、糯質形、爆裂形、麩形、甜粉形、軟質形、甜質形。如果以其所含的直鏈澱粉之支鏈澱粉之比例可

區分出質地，直鏈澱粉比例高，則煮後吃起來鬆散，支鏈澱粉比例高，則煮後吃起來較柔軟。若以色澤來區分有橙色、淡黃色、淺紫色、深紫色。

一、玉米的營養價值

玉米的營養成分如下：

(一)蛋白質

含有白蛋白、球蛋白、醇溶蛋白、穀蛋白，由於缺乏色胺酸，為不完全蛋白質，不能長期當主食，會有色胺酸缺乏而罹患癩皮病。

(二)醣類

含有澱粉占85％，其中直鏈澱粉占80％，支鏈澱粉約占20％。

(三)脂肪

含有油酸、亞麻、卵磷質及維生素E。

(四)礦物質

含有鈣、鎂、磷。

(五)維生素

黃色玉米含有維生素A，白色玉米則不含，亦含有維生素B1、B2、C及菸鹼酸。

二、玉米的利用

人們吃玉米粒即為玉米的外皮、胚乳、胚芽，整粒稱為珍珠米，將它晒乾磨成粉為玉米粗粉，磨更細成為玉米細粉，中國大陸將玉米細粉加水做成窩窩頭，蒸熟後食用。

第四節　馬鈴薯

馬鈴薯又稱為土豆、洋芋、洋山藥，最初產於祕魯南部，在16世紀末期被西班牙人帶回歐洲，19世紀已成為重要的糧食。16世紀傳入中

國，主要產於中國的西南山區，內蒙古和東北地區，現與小麥、玉米、米成為世界主要的糧食。

世界馬鈴薯主要產國以中國占第一，其次依序為印度、俄羅斯、烏克蘭、美國、德國、孟加拉、波蘭、法國、白俄羅斯。

一、營養價值

食用的部分為地下塊莖含有大量碳水化合物、蛋白質、礦物質與維生素，食用後提供人們熱量，給予人飽足感，因此為人們主要的主食。

發芽的馬鈴薯含有有毒的生物鹼，美茄鹼（solanine）含量每公斤約5公克，吃了含有美茄鹼的馬鈴薯會有腹瀉、頭痛暈眩、腸胃炎的現象。

二、品種

全世界馬鈴薯有數千種，有澱粉高的適合製作薯泥，澱粉低的適合作油炸或薯片。當馬鈴薯長芽眼可切下播種，用它來播種很容易產生新品種，各國有不同的馬鈴薯品種。

第五節　番薯

番薯又名甘薯、山芋、地瓜，為多年生雙子葉植物，起源於美洲熱帶地區，1493年哥倫布將它由美洲帶至西班牙，1582年傳至廣州。

一、營養價值

番薯含豐富的碳水化合物，含大量粗纖維、維生素A，越紅的番薯維生素A的含量越豐富，它含很高的纖維素可降低血液中的膽固醇，可預防心血管疾病。

二、品種

番薯的品種有臺農57號（黃皮黃肉）、臺農62號（紅皮黃肉）、臺農64號（黃皮粉紅肉）、臺農（紅皮紅肉）、臺農70號（紅皮黃肉）、芋頭番薯（紫皮紫肉）。

甜度依序排列為臺農64號、臺農66號、臺農57號、臺農62號、臺農70號、芋頭番薯。

水分排列以臺農66號最多，其次依序為臺農57號、芋頭番薯、臺農64號、臺農62號、臺農70號。（如表5-3）

表5-3　各種品種番薯之特性

品種	特性	口感	適合加工用途	產期
臺農57號	黃皮黃肉	鬆軟	烤、炸、煮	11月～3月
臺農66號	紅皮紅肉	水分多	煮地瓜粥	9～12月
臺農62號	紅皮黃肉	澱粉少	炸薯條	9～12月
臺農70號	紅皮黃肉	外型不好	煮湯	11～12月
芋頭番薯	紫皮紫肉	最易煮熟	可蒸、煮	全年

第六章

肉　類

第一節　肉的品種及特徵

肉類分為家畜與家禽，現依序介紹。

表6-1　豬

類別	品種特徵	體重
臺灣約克夏豬種（Yorkshire或稱大白豬 Large White）	白毛豬、身長而深，面寬，耳朵大而薄。	八週齡仔豬體重約為14.5公斤，成熟體重公豬約370公斤，母豬約340公斤。
臺灣藍瑞斯豬種（Landrace）	白毛豬，耳朵向前傾斜下垂。	八週齡仔豬體重約15.7公斤。成熟體重公豬約330公斤，母豬約270公斤。
臺灣杜洛克豬種（Duroc或Duroc-Jersey）	色成紅棕色，耳朵向前傾斜。	八週齡仔豬體重約14公斤。成熟公豬體重300～450公斤，母豬則約為270～315公斤。
盤克夏豬種（六白豬）	又稱六白豬，鼻端、尾端及四肢呈白色，其他為黑色。	成熟體重公約330～400公斤，母豬則約為270～340公斤。
臺灣黑毛豬	頭短面寬，顏面凹陷，腹部下垂，尾直而長，全身黑毛。	繁殖生長慢，脂肪多。

表6-2　牛

類別	品種特徵	體重
臺灣黃牛 （Taiwan Yellow Cattle） 	毛色由黃、黑、褐、紅、白間雜，體型小。	耐熱，抗病力強，適合耕種，現與其他牛種雜交後，產肉量提高。
荷蘭（Holstein） ──生產用乳牛品種 	毛色為黑白間雜，眼大明亮有神，皮薄脂肪少。	成熟母牛體重450公斤以上。
聖達（Santa Gertrudis） 	體格大，具有紅色短毛。	成熟體重母牛可達500公斤，公牛可達800～1000公斤。
夏洛利（Charollais） 	白色，體格最大之牛種。	公牛體重可達1,130公斤，母牛可達729公斤，仔牛初生體重40～45公斤。

表6-3　羊

類別	品種特徵	體重
臺灣山羊 （Taiwan Native goat） 	黑褐色，有鬍鬚及角，繁殖力佳。	1歲齡體重約20～25公斤，體長50～55公分，體高45～47公分，胸圍58～62公分。

類別	品種特徵	體重
撒能（Saanen） 	色為白色，具有鬍鬚。	成熟母羊體重約65公斤，公羊體重則100公斤以上。
吐根堡種（Toggenburg） 	褐色，臉部有白色線條。	成熟公羊可達100公斤以上，成熟母羊亦可達55公斤以上。
阿爾拜因（Alpine） 	有黑、白、紅棕、灰色混合而成。	成熟公羊可達80公斤以上，母羊可達60公斤或以上。
努比亞（Nubian） 	作為羊奶之用，具有長而下垂的耳朵。	母羊體高76公分，體重62公斤以上，種公羊體高81公分、體重100公斤以上。

表6-4　雞

類別	飼養週期	體重
白肉雞 	5至6週。	約3至3.5台斤。
紅羽土雞 	23至24週。	公雞約5至6台斤。 母雞約4至5台斤。

類別	飼養週期	體重
黑羽土雞	15至16週。	約3.5至4.0台斤。
鬥雞	23至24週。	公雞約5至6台斤。 母雞約4至5台斤。
烏骨雞	13至14週。	公雞約4至5台斤。 母雞約3.5至4台斤。

表6-5　鴨

類別	品種特徵	體重
褐色菜鴨 （Brown Tsaiya Duck）	褐色，頭頸部羽毛呈暗綠色，背面灰褐色。母鴨全身呈淡黃色，腳橙黃。褐色菜鴨在孵化120天後開始產蛋，公鴨飼養五個月後可配種。	成熟公鴨體重約1.3公斤，成熟母鴨體重約1.3～1.5公斤，每年產蛋數300個以上。
白色菜鴨 （White Tsaiya Duck）	白色菜鴨公母鴨尾部均有捲羽，羽毛為純白色。	初產日齡平均129天，40週齡體重1.57公斤，蛋重66.2公克，78週齡產蛋數320個，產蛋率74%。
北京鴨 （Pekin duck）	羽毛呈乳白色，公鴨尾部有捲羽，母鴨孵化6個月後可開始產蛋。	成熟體重4.5～5公斤，母鴨成熟體重3.5～4公斤，產蛋數約每年150～200個。

類別	品種特徵	體重
番鴨 （Muscovy, Cairina mo- schata）	黑色，面部有紅色肉疣，母鴨飼養6～7個月開始產蛋，公鴨較重，母鴨較輕。 	公鴨體重3.5～4公斤，母鴨體重2.4～3公斤，年產蛋數約為90～100個。

表6-6　鵝

類別	品種特徵	體重
中國鵝 （Chinese goose） 	有白色與褐色兩種，頸長、尾短向上。頭部有角質瘤冠。	成年公鵝體重5.5公斤，母鵝重4.5公斤，年產蛋數僅約30～40個。
白羅曼鵝 （White Roman goose） 	全身羽毛白色，眼為藍色，飼養約90天體重達5公斤時出售。	成熟公鵝體重6～6.5公斤，母鵝體重5～5.5公斤，年產蛋數40～45個。
土魯斯鵝 （Toulouse goose） 	頸背部羽毛呈淡灰色，胸、腹羽毛為淡色及白色。	成熟公鵝體重13公斤，母鵝10公斤，蛋產季節可年產20～35個。

第二節　營養價值

一、水

　　肉類的成分中以水分占最多，占50.75％。肉的美味在於肉組織中保持水分的保水力，大部分的水分存於肌纖維與肌漿內。

二、蛋白質

　　肉類蛋白質含有人體所需的必要胺基酸為是全蛋白質，可協助人的成長與修補組織。依蛋白質之功能又分為：

　　1. 與肌肉收縮有關者

　　　肌球蛋白（Myosin）、肌動蛋白（Actin）、旋光素（Troponin）、旋光肌球蛋白（Tropomyosin）。

　　　肌球蛋白與肌動蛋白構成肌纖維重要成分，旋光素與旋光肌球蛋白管制ATP-Actin、Myosin化合物的功能。

　　2. 色素蛋白質

　　　包括肌紅蛋白（Myoglobin）、血紅蛋白（Hemoglobin），肌紅蛋白存於肌肉細胞中運送氧氣，血紅蛋白則存於血液中將氧氣送到組織中。

　　3. 結締組織蛋白質

　　　即網質纖維、膠原蛋白、彈性硬蛋白，影響肉質嫩度之因素。肉類經過脫水乾燥、冷凍、烹調、製罐，蛋白質營養價值不會改變。手術後病人有適當用之蛋白質補充身體之組織，身體傷口恢復較快。

三、脂肪

　　肉類脂肪的含量1.6～37％，因品種、飼養年齡、部位而有不同，其飽和性脂肪酸的含量以牛肉、羊肉最高，豬肉次之，雞肉最少。

四、礦物質

肉類含豐富的鈣、磷、鐵、鈉、銅、氯、硫、鎂，其中鐵的含量越紅的肉越高。在醃肉或加水烹煮時，礦物質會有流失的現象。

五、維生素

肉含維生素A、B_1、B_2，不含維生素C，尤以瘦肉與肉臟所含的維生素越多。

大多數維生素在肉類加工過程十分穩定，但維生素B_1會因醃、燻、烹煮而遭到破壞，約損失30％。

六、酵素

肉含有蛋白酶、解酯酶、磷脂酶，將肉放冰箱冷藏變嫩就因各種酶所產生的作用，將肉之蛋白質、脂肪分解成胺基酸與脂肪酸之緣故。（如表6-7～6-9）

表6-7　肉類營養成分

種類	水分％	蛋白質％	脂肪％	醣％	礦物質％
豬肉	65～70	18～20	20～35	0.5～1	1～2
牛肉	70～73	20～23	10～20	0.5～1	1
雞肉	73～74	20～23	5～10	0.5～1	1
羊肉	73～74	20～21	10～20	0.5～1	1～2
鴨肉	68～69	20～21	5～10	0.5～1	1
鵝肉	72～73	22～23	5～10	0.5～1	1

表6-8　不同肉的營養成分

食物名稱	熱量（千卡）	水分（克）	蛋白質（克）	脂肪（克）	碳水化合物（克）	膳食纖維（克）	膽固醇（毫克）	鈉（毫克）
牛小排	390	51	11.7	37.7	0	—	67	65
牛腩	331	55.7	14.8	29.7	0	—	65	58
牛肉條	250	62.5	17.3	19.5	0	—	64	67
牛後腿股肉	153	70.4	20.6	7.2	0.7	—	52	48
牛腿肉	117	72.5	16.3	5.2	5	—	60	62
山羊肉	123	75.3	21.3	3.5	0	—	71	60
羊肉	198	67.8	18.8	13	0	—	24	73
大里肌（豬）	187	68	22.2	10.2	0	—	52	35
大排（豬）	214	65.8	19.1	14.7	0	—	32	55
小排（豬）	249	61.5	18.1	19	0.3	—	73	79
五花肉（豬）	393	48.6	14.5	36.7	0	—	66	36
梅花肉（豬）	341	53.4	15.2	30.6	0.1	—	74	59
紅面正番鴨	224	65.5	18.2	16.2	0	—	79	51
鴨肉	111	75.6	20.9	2.4	0	—	93	70
烏骨雞	106	74.8	19.3	2.6	2.4	—	83	52
全雞（生，母雞）	248	65	16.1	19.9	Φ	—	74	44
全雞（手扒雞）	232	58.2	22.8	14.2	3.6	—	123	195
火雞	141	72.3	21.1	5.6	0	—	54	51
鵝肉	187	66.8	15.6	13.4	2.4	—	71	54
茶鵝	353	51.5	15.6	32.6	0	—	82	377
鵝腿肉（熟）	292	56.7	18.5	23.6	0	—	85	43

第三節　肉的構造

肉的構造包括肌肉組織、脂肪、結締組織及骨頭，現分述於下。

一、肌肉纖維

即俗稱的瘦肉，肌肉纖維直徑約10～100um，長度視動物之飼養年齡、種類由數公釐至30多公分不等，肌肉纖維聚集成肌束，外有肌膜連結於骨頭上。肌肉纖維有肌漿、肌原纖維、細胞核所構成，肌漿蛋白質為可溶性蛋白質，可溶於水，在52℃即可凝固；肌原纖維包括肌球蛋白、肌動蛋白、原肌球蛋白、肌鈣蛋白，與肌肉之收縮、鬆弛有關；細胞核主要為橢圓形，操縱蛋白質的合成。越年輕的動物肌肉纖維越短，養越久之動物肌纖維越長。牛肉肌纖維緊密，雞肉之纖維則十分鬆散。

二、脂肪

動物之脂肪分布在皮上層、內臟周圍及瘦肉中間，脂肪之含量及分布影響動物之老嫩，越老的動物脂肪含量越高。市售霜降肉、油花肉其油脂成大理石紋存於瘦肉之間的肉，經烹調後，肉的嫩度會因油脂釋出使肉的嫩度增加。

三、結締組織

肉的結締組織有網質纖維、膠原蛋白與彈性蛋白，其中網質纖維受熱影響較少，膠原蛋白加水加熱就會形成明膠，使肉的嫩性變好，彈性纖維則經拍打後或加入木瓜酵素、鳳梨酵素會增加肉的嫩度。

四、骨頭

越年輕的動物骨頭呈現粉紅色，越老的動物骨頭呈現白色。為了能順利切肉，應了解每一種動物其骨頭的連結位置，才能順利作切割。

第四節　肉類的選購

一、畜肉

(一)豬肉

依肉的品種、部位不同，肉較具光澤越年輕、肉質嫩，越老肉質韌。

(二)牛肉

肉色較豬肉細，越年輕屬體肉色呈淡紅色，質嫩，一般以養3～5年者爲佳。

二、禽肉

肉質纖維細嫩，脂肪大多在腹腔及皮下，雞肉較鬆散、鴨肉較緊密。

三、肉類的選購原則

(一)選購電宰肉

電宰場地衛生，有專人負責品管、檢驗。

(二)注意肉色

各種肉有不同色澤，豬肉鮮紅色有彈性，長久放置則是紅褐色，放血不全或淤血則呈暗紅色，易腐敗。

(三)無異味

各種肉有獨特風味，但受汙染則有不好風味。

(四)有好的儲存溫度

冷凍肉宜存於-18℃，冷藏肉0～7℃。

(五)包裝

冷藏、冷凍肉有良好包裝，不宜用訂書機訂。

四、肉的熟成

肉類蛋白質含量高，經宰殺後應速予以冷藏，在肉冷藏後，會產生自體分解，蛋白質會分解成胺基酸，使肉產生風味，此作用稱為熟成，一般豬肉因脂肪含量高，在熟成時會有脂肪酸敗之現象，只能冷藏3～5天，牛肉熟成會增加嫩度，經熟成後風味變好，可經20天冷藏。

第五節　肉的切割

一、豬肉

臺灣豬肉切割分為五個部位，即頭部、肩胛部、背脊部、腹脅部及後腿部，各部位之切割及烹調用途如下所示：（如圖6-1）

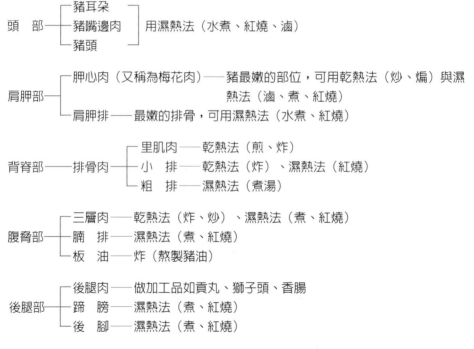

頭　部 ┬ 豬耳朵
　　　 ├ 豬嘴邊肉 ── 用濕熱法（水煮、紅燒、滷）
　　　 └ 豬頭

肩胛部 ┬ 胛心肉（又稱為梅花肉）── 豬最嫩的部位，可用乾熱法（炒、煸）與濕熱法（滷、煮、紅燒）
　　　 └ 肩胛排 ── 最嫩的排骨，可用濕熱法（水煮、紅燒）

背脊部 ── 排骨肉 ┬ 里肌肉 ── 乾熱法（煎、炸）
　　　　　　　　 ├ 小　排 ── 乾熱法（炸）、濕熱法（紅燒）
　　　　　　　　 └ 粗　排 ── 濕熱法（煮湯）

腹脅部 ┬ 三層肉 ── 乾熱法（炸、炒）、濕熱法（煮、紅燒）
　　　 ├ 腩　排 ── 濕熱法（煮、紅燒）
　　　 └ 板　油 ── 炸（熬製豬油）

後腿部 ┬ 後腿肉 ── 做加工品如貢丸、獅子頭、香腸
　　　 ├ 蹄　膀 ── 濕熱法（煮、紅燒）
　　　 └ 後　腳 ── 濕熱法（煮、紅燒）

圖6-1　豬隻烹調用途

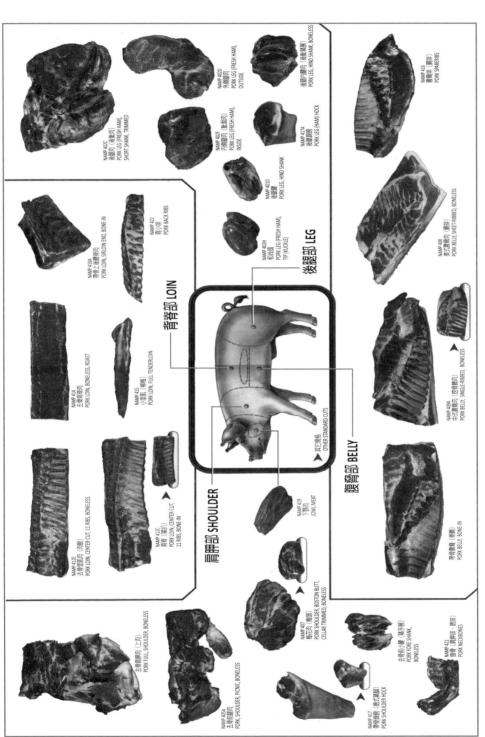

圖6-1 豬肉部位與用途

資料來源：美國肉類出口協會駐華辦事處：台北市信義區基隆路二段23號12樓之一（世貿天下大廈）：

Tel: 886-2-2736-1200　Fax: 886-2-2736-1500　Website: http://www.usmef.org.tw　E-mail: Taiwan@usmef.org

圖6-2 牛肉部位與用途

資料來源：美國肉類出口協會駐華辦事處：台灣11052台北市信義區基隆路二段23號12樓之1（世貿天下大廈）

Tel: +886-2-2736-1200　Fax: +886-2-2736-1500；Website: www.usmef.org.tw　E-mail: Taiwan@usmef.org

第六節　影響肉嫩度之因素

一、結締組織之多寡

結締組織多之肉類，生的肉類是屬較韌的肉，當經過加水、加熱，結締組織中之膠原蛋白水解成明膠，使肉的嫩度增加。

二、動物的年齡

年紀越輕之動物，嫩度越好，飼養越久動物之纖維越長，嫩度越差。

三、脂肪之分布

脂肪以大理石紋存於肌肉纖維中，經乾熱法烹調後，肉嫩度會因油脂溶化而增加。

四、烹調溫度

研究顯示，肉烹煮至76℃時嫩度最好。

五、動物種類

馬肉嫩度較差，兔肉嫩度最好。

六、冷藏

冷藏使肉嫩度變好，因肉自體分解，蛋白質變成胺基酸之緣故。

七、冷凍

肉經冷凍抑制酵素作用，不會使嫩度改變，冷凍會使油脂產生酸敗，使肉有油耗味。

八、酵素

木瓜酵素、鳳梨酵素、無花果酶會使肉之蛋白質分解，而使肉的嫩度增加。但絞肉則不宜加入嫩精，因嫩精在85℃作用，絞肉加入嫩精，在烹調後會形成肉泥，使肉沒有咬勁。

第七節　肉的保水性

肉的水分以結合水、自由水的形式存在，肉中的水分含量會影響肉的口感，保水性佳肉較好吃。

影響肉保水性的因素如下：

一、肉的種類

不同家畜保水性不一，以魚肉保水性最好，其次為牛肉、豬肉、雞肉，以馬肉最差。

二、鹽對保水性之影響

肉品中填加2%的食鹽對肉的保水性更好。

三、PA值

當肌肉的PA值達到肌纖維蛋白的等電點（Isoelectric Point, IP）時，由於肌肉蛋白質的淨電荷效力最低，無法吸引不移動性的水，此時保水性最低，經加酸或加齡時可提高肉品蛋白質的靜電效力，可提高肉品的保水性。

四、加磷酸鹽

肉中添加磷酸鹽可與二價的鈣與鎂離子結合，增加保水性。

磷酸鹽可提高PH值，使肌纖維球蛋白分解成肌球蛋白與肌動蛋

白，增加肌纖維組織之空間，可增加保水性。

五、冷凍、解凍

急達冷凍對組織破壞性較小，保水性較好，一般慢速冷凍經解凍後肌肉細胞破壞，蛋白質變性，水分流失多，保水性降低。

六、部位

不同部位保水性不同，骨骼肌保水性最好，平滑肌次之。

七、加熱

烹調時間較長；蛋白其變性，肌肉纖維緊縮，釋出大量水分，導致保水性降低。

第八節　肉之烹調

肉類為確保衛生安全，豬肉應煮到全熟，生肉與熟肉使用之砧板應區分，肉品常經加工可延長保存期限，但宜在合格範圍內。

肉的烹調可分為下列方法：

一、乾熱法

取較嫩部位的肉，可用乾熱法烹調。

(一)烤

先將烤箱預熱至250℃，將肉表面烤焦，形成焦皮後，肉汁流失降低，再改150℃烤，使內部熟。肉本身60℃稱為五分熟，71℃為八分熟，77℃稱為全熟。肉中心溫度越高，肉越老，汁流失量越多。

(二)燒烤

肉直接放於熱源上煮熟，如烤肉串，為增加香味應將肉切塊、浸泡醃料，串於肉串上在炭火上燒烤。

(三)煎

肉加醃料大多沾上粉漿，可用一半麵粉，一半太白粉，再經煎過肉較嫩。

(四)炸

肉沾粉漿或裹粉，經高溫油炸至熟。

二、濕熱法

較老的部位可用濕熱法使肉嫩度增加。

(一)燉煮

將肉經加水或液體燉煮，肉之香味四溢，組織變嫩。

(二)紅燒

肉經加水、醬油、冰糖、香料，以慢火煮之。

第九節　肉類加工

一、冷藏

肉貯放冰箱0～7℃，使肉的嫩度增加，但維持天數最多4～5天，內臟則因含細菌不宜貯放超過3天，會發臭。

二、冷凍

肉貯放於-180℃以下，可存放3個月，因含脂肪會產生酸敗。研究發現，如果屠宰後肉存放-40℃急速凍結，經解凍後肉的組織受到破壞較少。

三、乾燥

利用乾燥製成肉乾，使肉的水分減少，延長保存期限。

四、醃製

　　肉加入鹽調味料、硝酸鹽、香料醃漬，硝酸鹽會形成亞硝酸鹽與肌紅蛋白作用，形成漂亮的色澤，如製作火腿、臘肉、香腸時常加入硝酸鹽，不加則肉毒桿菌會成長，反而造成肉品細菌滋長。

第七章

海鮮類

第一節　海鮮之分類

海鮮類有魚類、頭足類、貝類及甲殼類。

魚類分爲淡水魚及海水魚，淡水魚在淡水中長大，海水魚從遠洋捕獲，海水魚又依捕獲地區爲養殖、表層、底棲海水魚。頭足類分爲烏賊、管魷、章魚；貝類具有硬的外殼，如牡蠣、蛤蚌、蜆；甲殼類分爲蟹及蝦類，其分類如圖7-1：

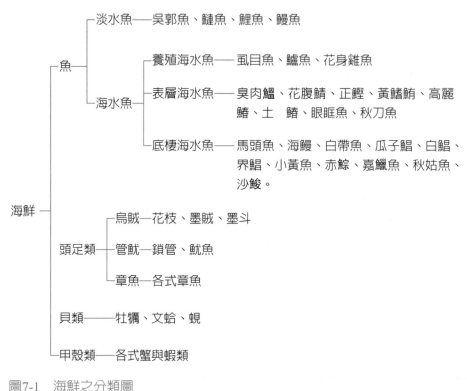

圖7-1　海鮮之分類圖

第二節　海鮮的營養價值

近年來，由丹麥學者Dyerberg對愛斯基摩人所作之調查發現，他們

心血管疾病較歐洲人少，原因在於愛斯基摩人吃深海魚，使得血液較難形成血栓。

海鮮類中之魚類成為預防心血管疾病之食物。

一、蛋白質

魚貝類的蛋白質含人體所需的必需胺基酸，為完全蛋白質，可供人們生長及修補組織，其蛋白質87％～98％皆能為人體消化吸收，其中3％～5％的蛋白質為結締組織，肌纖維較短，較容易消化。

二、脂肪

魚油的脂肪含兩種不飽和脂肪酸，EPA（Eicosapentaenoic Acid）及DHA（Docosahexaenoic Acid），魚油之EPA可使血小板不會互相凝結，可預防血栓及動脈硬化，並具降低血液中之三酸甘油脂及膽固醇，可預防心臟病，魚肉中以鯖魚EPA含量最高，100公克含55公克，其次為鰻魚、鮪魚。DHA則以鮪魚最高，其次為紅魚、鯖魚、鰻魚、魚油含HDL（High Density Lipoprotein）即高密度脂蛋白，可將器官中多餘的膽固醇運到肝臟排除。

近年來，深海魚油為健康食品，但也不能多吃，多吃會造成脂肪過多積聚於肝臟，造成脂肪肝。

三、維生素

魚油含有豐富的維生素A、D與E，魚貝類有豐富的B_6、B_{12}、Niacin。

四、礦物質

魚貝類含豐富礦物質如鈣、磷、鐵、碘、鋅，紅肉魚類比白色魚類含較多鐵質，小魚、軟骨魚為鈣之良好來源，牡犡含豐富鋅，並為碘之良好來源。

第三節 魚貝類之選購

一、魚類

新鮮的魚，肉質有彈性，肉緊密連在骨頭上，頭鰓成淡紅色，無腥臭味，眼球微凸透明，保有原來之膚色。內臟完整、結實，味道具有海藻味。

二、貝類

貝類具有緊密之外殼，若口開則代表已死亡應取出，不宜加入湯中煮，會壞了整鍋湯。

三、頭足類

生鮮時肉質細緻、柔軟具有光澤，具有海藻味，如已腐敗則是惡臭味。

四、蝦蟹類

以活著最佳，若為死亡的蝦蟹具惡臭味，新鮮時選擇體軀完整，若死亡肢體會斷裂。蝦子頭在其死亡後很快褐變，因其酵素與空氣產生變化，不肖商人常加入亞硝酸氫鈉防止褐色或染紅色色素，煮後吃起來口感就不好。

第四節 魚貝類之腐敗、鮮度判定與品質管理

海鮮類因包含皮、鰓、內臟容易附著細菌，本身酵素作用強，死後易將它分解，鱗片容易脫落、表皮薄、細菌容易入侵。魚類死後無法抵抗細菌的分解與繁殖；從產地運輸零售，冷凍鏈不健全，因此海鮮較容易腐敗。

海產品為含高比例不飽和脂肪酸的食品，可降低人體血清膽固醇與

低密度脂蛋白,可增強身體的免疫力,預防動脈硬化、血栓、中風。

　　魚貝類含DHA(二十二碳六烯酸)有助於腦細胞的發育,亦含豐富的牛磺酸(taurine),可降低膽固醇、血糖,並可調節神經衝動。鮭魚、鰻魚含甲肌肽(anserine),可調節酵素活性,防止細胞老化並改善缺氧現象。

一、水產品鮮度之判定方法

　　水產品鮮度之判定方法如下:

(一)官能判定

　　新鮮的水產品可用目視、鼻嗅、手摸來判斷。新鮮的魚眼睛透明清晰、魚鱗完整,魚鰓鮮紅無臭味、內臟結實、肉質有彈性。

(二)化學方法

　　1.測定揮發性鹽基態氮(volatile basic nitrogen, VBN)

　　　一般魚肉測出來的含氮物質VBN 5~10mg/100g為新鮮,30~40mg/100g)為初期腐敗,50mg/100g以上為腐敗的海鮮。

　　2.生物胺

　　　測定海鮮內所含的腐胺、屍胺、組織胺、亞精胺與精胺之指標,稱為生物胺指標(biogenic amine index BAI),BAI10以上時,表示食品已達腐敗。

(三)微生物方法

　　以測定魚類的總生菌數(aerobic plate count, APC)生食魚貝類生菌數在10^5 CFU/g,冷凍鮮魚貝類在$3×10^6$ CFU/g以上。

　　魚貝類在二大類危差因子即化學性危害與生物性危害,化學性危害如蝦類常因添加亞硫酸鹽,養殖魚貝類常因水質加了抗生素,鯖魚、鮪魚、旗魚常含組織胺,河魨含河魨毒。生物性危害如罐頭水產品常含肉毒桿菌,淡水魚貝類含寄生蟲,生食魚貝類含腸炎弧菌及大腸桿菌。

　　為順應世界各國對食品衛生安全的重視,2007年元月,立法院三讀

通過《農產品生產及驗證管理法》，正式推動農產品生產及驗證管理。

將食品的生產、銷售列入電子化追蹤系統，有更多資訊供消費者查詢。

二、水產品品質管理

水產品常有下列的問題：

(一)腸炎弧菌

水產品細菌性中毒可分為腸炎弧菌汙染，腸炎菌喜歡在鹽水濃度0.5～10％之海水中生存，因此應檢驗腸炎弧菌。

(二)重金屬

由於養殖與漁撈水域汙染，造成漁產品重金屬積聚，海水大型魚常有汞量過高，廢五金廠排放廢水導致綠牡蠣則為銅汙染。

(三)抗生素

養殖魚池為避免魚死亡常加入抗生素，導致魚有抗生素殘留。

(四)添加物

原料蝦常為防止蝦體變黑添加二氧化硫，魚丸為使它變脆常加入硼砂，均不合法。

(五)海洋生物毒

海洋神經毒常在河魨、顏色鮮豔的魚類，它會阻斷或促進神經與肌肉鈉離子通道，麻痺神經與肌肉，應避免食用。

(六)寄生蟲

淡水魚和螺類易感染中華肝吸蟲與廣東血線蟲，應予以煮熟才食用。

(七)組織胺中毒

鰆魚、鰹魚、鮪魚、秋刀魚如鮮度不佳或加工不當會產生組織胺，會引發皮膚紅疹、發熱組織胺中毒，應買新鮮海產才可杜絕之。

第八章

黃豆類

黃豆是短日照植物，當白晝變短時，它開始開花，是一種溫帶植物，栽種在緯度30～45度之地區，主要產量為美國占51％，巴西占19％，阿根廷占10％，大陸占8％。它的根為瘤狀，根瘤菌與黃豆植株共生，有固定氮的能力，固定氮的能力占全株之25～30％。

第一節　黃豆的營養成分

黃豆是蛋白質、脂肪含量很高的食物，蛋白質占40％，脂肪占20％，醣類占7％，纖維素占17％，灰分占6％，不含膽固醇，為極優良的食品。

一、蛋白質

黃豆含有人體需要的八種必需胺基酸，為植物中唯一的完全蛋白質食物，其中豐富的離胺酸可與米共食，補足米不足之離胺酸，黃豆中的色胺酸可提供給玉米補足玉米，不足的色胺酸。

全球蛋白質食物獲得越來越困難，動物性蛋白質日益昂貴，好的植物蛋白質品質可提供人類飲食之需。在非洲人民身受紅嬰症（Kwashi-orkor）之苦，補充黃豆可解決其困擾。

二、脂肪

黃豆含有20％的脂肪，其中飽和脂肪酸占15％，不飽和脂肪酸占85％，其中不飽和脂肪酸，油酸（oleic acid）占24％，亞油酸（Linoleic acid）占54％，亞麻酸（Linolenic acid）占7％。除此之外，黃豆含有卵磷脂，為良好的乳化劑，具有乳化及抗氧化作用。

三、醣類

黃豆醣占7％，其中蔗糖占5％，水蘇糖占3.8％，棉實糖占1.1％。除此之外，尚含纖維素、半纖維素、粗纖維。

四、礦物質

占6%，含豐富的鉀、鈉、鈣、鎂、磷、硫、碘。

五、維生素

黃豆含豐富的維生素B_1、B_2、菸鹼酸、泛酸。

第二節　黃豆的用途

黃豆含豐富的蛋白質與脂肪，其用途如圖8-1：

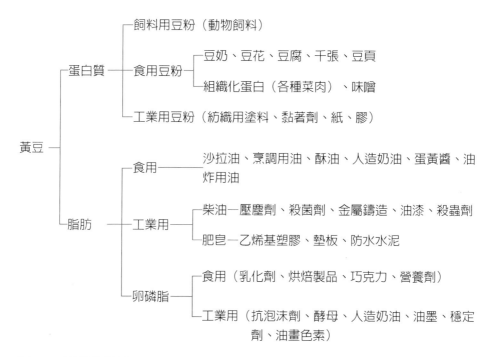

圖8-1　黃豆的用途

第三節　各種黃豆產品

一、食用豆粉

(一)豆奶

黃豆子葉細胞在潮濕環境下，會因脂氧化酶（Lipoxidase）分裂使黃豆產生豆腥臭味。處理時將黃豆泡水4小時經攪碎，100℃加熱10分鐘，可有效降低脂氧化酶，變成可口的豆漿。

(二)豆腐

在豆漿煮好過濾後，加入硫酸鈣（熟石膏）即凝固成豆腐，豆腐中硫酸鈣加多一點即成硬豆腐，加少一點即為軟豆腐，要做成凍豆腐所用的凝固劑則加入氯化鈣。

(三)豆花

熱豆漿中加入硫酸鈣、太白粉混合液即成豆花。

(四)組織化黃豆

黃豆粉經調味，經抽取、延展做成各種素肉，亦可經由紡錘分離黃豆蛋白紡錘纖維，經染色調味做成類似火腿、燻肉之產品，亦可壓乾成粒，具有長久貯放之特性，可使產品價格降低。因素肉吸水一倍，它與肉的使用比例為30：70，將它與真的肉品混合時，吃起來的口感不會太硬，而較鬆軟。

(五)味噌

係以黃豆、米、鹽為主要原料，加入水及麴菌發酵而成，在日本研發出70多種味噌，每個家庭中均有自己喜好的口味，基本上分為甜味、淡色、赤色、豆味噌，使用味噌湯中，鹽量應酌以減少。

(六)納豆

將黃豆浸泡於水中，讓它充分吸水後再蒸煮，煮熟的黃豆中加入納豆菌種，再放入微生物恆溫培養箱中培養，至發酵熟成時會產生白色黏稠物。食用前24小時放至冷藏退冰，需在五天內吃完，超過五

天會因發酵過度有異味產生，吃前取要吃的量放碗中攪拌。納豆含有納豆激酶，可防止血栓並可溶解血栓，具降血壓、預防腫瘤，調整腸道之功用。

二、脂肪

由黃豆榨取或以溶劑抽取出大豆油，經水處理，產生脫膠油及卵磷脂，脫膠油再經氫氧化鈉處理得到脫色油，經多化及脫臭就會有沙拉油，如下圖8-2所示。

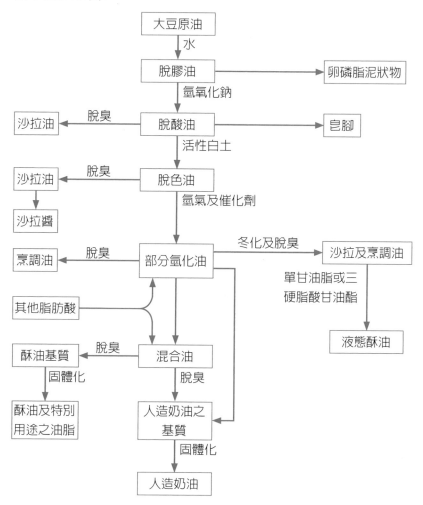

圖8-2　大豆油及其產品之製造流程圖

資料來源：Handbook of Soy Oil Processsing and Utilization, AOCS/ASA (1980)

黃豆油爲全世界植物油占總油脂的75％，爲植物油，不含膽固醇，它富含維生素E，爲一種抗氧化劑；富含卵磷脂可減少血小板之聚合，避免形成血栓；多元不飽和脂肪酸高達61％，可降低膽固醇。黃豆油之發煙點高達220～234℃，適合油炸、玉米油219℃、棕櫚油206℃、橄欖油197℃，花生油191℃。

第九章

蛋 類

第一節　蛋的種類與營養

蛋的種類有鵪鶉蛋、鴿蛋、雞蛋、火雞蛋、鴨蛋、鵝蛋、駝鳥蛋。市售蛋大多只有雞蛋，其他的蛋取之不易又不具香味，越大的蛋反而水化，味具腥味，因此大多用雞蛋。現介紹雞蛋的營養價值。（如表9-1）

表9-1　雞蛋的組成

	重量 (g)	水分 (%)	蛋白質 (%)	脂肪 (%)	醣類 (%)	灰分 (%)
蛋白	33	87.6	10.9	0.1	0.9	0.5
蛋黃	17	51.5	15.9	30.6	0.6	1.8
全蛋	50	73.3	13	11.6	1.0	0.7

一、蛋白質

100公克的雞蛋含有26公克蛋白質，含有豐富的色氨酸（Tryptophan）及具有人體需要的必要胺基酸，為成長所需。如以蛋的蛋白質為100，牛奶則78，牛肉81，魚肉70，米70。蛋的蛋白質品質優，可提升免疫力。將蛋與穀類進食，可補足穀類不足的營養素。

二、脂肪

蛋的脂肪含在蛋黃中，脂肪中含有卵磷脂，對腦部神經發育很好。其中酪胺酸（Tyrosine）可在腦部形成多巴胺，多巴胺會轉成腎上腺素，可協助抗壓。一顆蛋的膽固醇含量200毫克即0.2公克，每人身體每天能吸收的膽固醇最高0.3公克，多餘的即隨糞便排出，吃1～2顆雞蛋對正常人應沒影響。

三、醣類

蛋的醣類含量少，只占2%。

四、維生素

蛋的維生素A、B$_1$、B$_2$優於其他食品，100公克雞蛋維生素A含810國際單位。B$_1$含0.12毫克，B$_2$含0.25毫克。脂溶性維生素A、D、E、K存於蛋黃中。

五、礦物質

雞蛋的鈣質含於蛋殼中，蛋殼無法被利用。含豐富的鐵質存於蛋黃中，嬰兒副食品補充蛋黃可增加嬰兒鐵質。

第二節　蛋的選購

蛋的選購分為帶殼蛋及液態蛋的選購。

一、帶殼蛋的選購

可用外觀法、比重法、照光法來選購。

(一)外觀法：蛋殼表面粗糙，沒有糞便汙染、乾淨。

(二)比重法：將蛋放入比重1.027的水中（60公克鹽溶於1,000cc水中），蛋浮起即為腐敗蛋，蛋下沉則為新鮮蛋。

(三)照光法：氣室小則越新鮮，氣室大則不新鮮，不能有異物。

二、依蛋的內容物來判斷

(一)指數法

將蛋打開，蛋白高度除以蛋白直徑，稱為蛋白指數，蛋白指數0.106，蛋黃高度除以蛋黃直徑稱為蛋黃指數，0.36～0.44為新鮮蛋。

(二)品質判定方法

以煎蛋、渥蛋來作評比，新鮮的蛋面積小，不新鮮則水化面積大，

因此煎蛋、渥蛋均以小者品質較優。

第三節　蛋的烹調原理

蛋的烹調原理有三大現象，凝固作用、乳化作用及起泡作用。

一、凝固作用

蛋之球狀蛋白質因分子間相互作用，吸水形成膠狀。

蛋白在60℃開始凝固，80℃完成；蛋黃在65℃開始凝固，70℃完全凝固。影響蛋凝固之因素。

(一)溫度：溫度越高，凝固物越硬。

(二)酸：加酸降低凝固溫度。

(三)鹽：加鹽降低凝固溫度。

(四)鹼：當蛋的pH值在11.9以上能形成松花結晶。

(五)糖：加糖會提高凝固溫度。

因此煮蛋時可在水中加鹽或白醋使蛋較易凝固，製作蒸蛋時，1個全蛋可使3/4杯水（或高湯）凝固，蒸的時間長短依蛋液的量而定，不能用大火會使蒸出來的蛋孔洞太大，亦不能蒸久久會使蒸蛋成黑綠色，且質地太硬而有不好的品質。

二、乳化作用

蛋黃含有卵磷脂（Lecithin），含有親水根與親油根可使油水均勻地混合，依此作用可做成蛋黃醬、千島沙拉醬、法式沙拉醬。依乳化性質可分為永久性乳化，半永久性乳化及暫時性乳化。

(一)永久性乳化

蛋黃醬（mayonnaise）為永久性乳化，係利用蛋黃、植物油、白醋為材料。一般一顆蛋黃可溶入3/4杯植物油，1T白醋，將蛋黃打勻，慢慢加入無味道的植物油拌勻至油已飽和，再將白醋慢慢拌打

至均勻。油脂宜用無味之植物油，因此不能用麻油，打出來的沙拉醬才不會有怪味，油不能加太多會破壞乳化狀態。

將沙拉醬加入番茄醬、切碎醃黃瓜、切碎蛋黃即或千島沙拉醬。若加入碎鳳梨即成夏威夷沙拉醬。

(二)半永久性乳化

在拌打沙拉醬之過程加入穩定劑如阿拉伯膠、果膠或明膠，增加沙拉醬之穩定性。常會出現沙拉醬分層，使用前需加拌打，如水果沙拉醬。

(三)暫時性乳化

法式沙拉醬將橄欖油、醋、調味料混合，使用前搖勻倒入蔬菜中，只有短暫乳化。

三、起泡作用

蛋白、蛋黃或全蛋經拌打後會打入大量空氣，此現象由拌打蛋白時最明顯，利用打蛋白將空氣包住，蛋白變性穩定泡沫，剛開始泡沫聚集，具有光澤，繼續拌打時光澤消失，拌打過頭泡沫破裂而呈棉花狀。

蛋的拌打分為四個階段，起始擴展期、濕性發泡期、硬性發泡期、乾性發泡期。現將各階段之用途、特性介紹於下。（表9-2）

表9-2　蛋白、蛋黃、全蛋拌打階段

	起始擴展期	濕性發泡期	硬性發泡期	乾性發泡期
蛋白	打勻，少數粗大泡沫。	富有光澤、濕潤有半透明液體。	泡沫站立穩定，富彈性、泡沫細，約為原來體積5～6倍，色呈牙膏雪白狀，在打蛋器呈鉤狀。	泡沫乾燥，出現棉花狀，變性脫水。

	起始擴展期	濕性發泡期	硬性發泡期	乾性發泡期
蛋黃及全蛋	打勻成橘色。	色為橙色，在打蛋器上一滴滴流下來	呈淡白色，在打蛋器上為等腰三角形	在打蛋器上呈鋸齒狀。
用途	1.作蛋湯、蛋皮、蒸蛋、炒蛋。 2.作黏稠劑。 3.加入肉丸中作滑潤劑。	1.蛋白作天使蛋糕、戚風之骨架。 2.蛋黃或全蛋作海綿蛋糕之骨架。	1.蛋白作天使蛋糕、戚風之骨架。 2.蛋黃或全蛋作海綿蛋糕之骨架。	在烘焙無價值。

四、影響蛋的起泡因素

(一)蛋的新鮮度

蛋越新鮮越不容易起泡，但打發後穩定性高；蛋不新鮮則水化越容易打發，但打發後穩定性不佳。

(二)溫度

蛋白以22℃最易打發，蛋黃與全蛋以43℃易打發，因此拌打蛋白應將冰箱冷藏的蛋放室溫片刻再拌打，全蛋或蛋黃拌打時要隔熱水加熱拌打。

(三)攪拌時間的長短

拌打蛋白、蛋黃或全蛋均有高峰，到一定程度再拌打則會產生泡沫破裂或海綿狀，不具烘焙價值。

(四)pH值

蛋白pH值在6.5時拌打最穩定，因此拌打時加入白醋、檸檬汁或塔塔粉（cream of tartar）有助於泡沫之穩定。

(五)糖

拌打蛋白太早加入糖則無法打出泡沫，糖會阻礙泡沫的形成。若拌打至濕性發泡時加入一部分糖，可阻止泡沫拌打過頭。

(六)鹽

會阻礙泡沫形成,因此應在泡沫拌打完成後再加入。

(七)油脂

會阻礙泡沫形成,應在泡沫形成後加入。

(八)水

會增加泡沫體積,但水加太多會使泡沫穩定性不好而水化。

(九)蛋黃

會阻礙泡沫形成,打蛋白時應將蛋黃取出。

(十)膠

褐藻膠(algin)、關華豆膠(guar gum)可提高泡沫的形成與穩定性,一般以蛋白打發即可,很少加。

第四節　蛋的製備

蛋可依帶殼蛋與不帶殼蛋的製備。

一、帶殼蛋

如硬煮蛋、軟煮蛋(溏心蛋)。

(一)硬煮蛋

將蛋洗乾淨,放入冷水中,水中加少許鹽與白醋,開火煮至水滾計時12分鐘,取出沖冷水,待冷剝除外殼。

烹調時間太長很容易煮出有硫化鐵(FeS)的蛋,蛋黃呈暗綠色,具有特殊味道。

(二)軟煮蛋

將蛋洗淨,放鍋中水滾計時,煮3~5分鐘,取出蛋白凝固,蛋黃未凝固。

(三)溏心蛋

市售溏心蛋,外具滷蛋的顏色,內部蛋黃未凝固。滷汁是將薄鹽醬

油與水以1：4之比例加入桂枝，甘草煮好放涼。

將鍋中煮滾水，將蛋洗好放入，水淹過蛋，計時7分鐘關火馬上放入冷水，將蛋殼輕敲去外殼，取出外殼之蛋放入冷滷汁中浸泡2小時。

二、不帶殼蛋

不帶殼的蛋如煎荷包蛋、炒蛋、渥蛋、蒸蛋。

(一)煎荷包蛋

看起來很簡單，其實不是件容易的事，首先要選擇新鮮蛋殼，乾淨的蛋。先將蛋洗淨，輕敲蛋殼將蛋放入量杯中，平鍋洗淨先熱鍋，再放入少許液體油，油需乾淨不能用回鍋油，油熱再滑入蛋液，一面凝固再翻面，煎出來的蛋要蛋黃在中央，蛋白具有金黃色邊緣，蛋若擴散很大即表示蛋已水化，不新鮮。

(二)炒蛋

將蛋液輕輕拌勻，先熱鍋再放入乾淨油，油熱放入蛋液炒，至蛋凝固，若加入酸性材料如番茄丁。應先炒好蛋，取出蛋塊，另炒番茄將蛋塊拌入。若先炒番茄丁加入蛋液，則蛋液不會凝固，因酸使蛋液水解了。

(三)渥蛋

在水中加入少許鹽與白醋，切忌不可黑醋，水滾後加入已放於碗中之蛋液，才能使蛋凝固，蛋白包圍蛋黃，精巧可愛。

(四)蒸蛋

一個蛋可加入3/4杯水，水以40℃之溫水拌勻而不打發，火開後先將蒸籠水煮滾，改小火蒸至蛋液凝固，蒸太久會有黑綠色硫化鐵出現，用大火蒸會有孔洞，成品不佳。

(五)酸辣湯

由於蛋有一個作用即吸附鍋中髒東西，當煮酸辣湯時所加入的豆腐、鴨血、肉絲、紅蘿蔔、木耳有各種顏色，因此需先用太白粉勾芡，再淋蛋液，最後加入胡椒粉與白醋，如果太早加白醋會導致太白粉與蛋水解，成品混雜。

第五節　蛋的加工

一、冷藏蛋

蛋加工廠去除蛋殼成液體蛋，即販售液態的蛋白、蛋黃及全蛋，此時需檢驗是否有沙門氏菌。

二、冷凍蛋

帶殼蛋不宜直接冷凍，如冷凍解凍時會有破裂的蛋殼汙染蛋液，將液態蛋白直接冷凍，解凍後即可使用。蛋黃與全蛋因含脂蛋白，結凍會結塊，如要冷凍應將蛋黃或全蛋液打勻，加入少許鹽或糖，但使用時需將糖或鹽之量扣除。

三、蛋粉

國內很少用，但國外則使用蛋白粉、蛋黃粉與全蛋粉。它是將蛋液加熱至60℃，再噴入溫度120℃～150℃乾燥，其中經乾燥蛋粉一般在冷藏室中可放1年。

四、鹹蛋

由於鴨蛋具腥味，蛋殼較厚，因此將糯米煮成稀稠狀拌入鹽及紅土，包在具蛋殼的生鴨蛋30天，將紅土取出，煮熟即為鹹蛋。

五、皮蛋

將鴨蛋浸泡含鹽的強鹼中，控制至pH11.9時，蛋形成凝固，表面有酪胺酸聚集形成松花結晶。皮蛋以蛋殼斑點少，剝除蛋殼蛋白有松花，蛋黃為半凝固液體狀為佳。

第十章

奶　類

奶類是營養最完整的食品，它含有豐富的蛋白質、脂肪、醣類、維生素及礦物質，是人一生中最重要的食品。

第一節　奶類的營養價值

一、蛋白質

奶類含有人體必需的胺基酸，為任何年齡層人們每日飲食所需的食物，它與穀類混合食用，可提升穀類的營養價值。

二、脂肪

奶類的脂肪含有脂肪、磷脂質（卵磷脂、腦磷脂、神經磷脂）、脂溶性維生素A、D、E、K，很容易為人體消化。現市售有全脂、低脂、脫脂奶，減肥的人可選用低脂或脫脂奶。

三、乳糖

東方人常有乳糖不耐症，就是腸道缺乏乳糖酵素，喝入牛奶時，乳糖酵素無法將牛乳中之乳糖分解，造成拉肚子。為防止此種現象，可喝少量稀釋的溫牛奶，使消化道慢慢培養出乳糖酵素。

四、維生素

牛奶缺少維生素C與D，因此嬰兒副食要加入少許水果、果汁或菜泥，含豐富的B_2及菸鹼酸，國人有罹患口角炎者，每天喝二杯牛奶，口角炎會得到改善。

現市售奶粉則依不同年齡層添加各種維生素，因此喝奶粉沖泡出來的牛奶，維生素不會有匱乏。

五、礦物質

　　牛奶有豐富的鈣、磷、鉀、氯、鎂、鋅、鉻，原本缺鐵，若製成奶粉添加了不同的礦物質，因此奶粉中礦物質沒有缺乏之現象。

　　牛奶屬高蛋白質，低核酸的食物，痛風病人亦可以吃。

第二節　奶類加工

　　市面上鮮奶是由酪農將它保存於4～5℃以下，送至製乳工廠，工廠常作乳質檢查，包括色調判定、風味檢查、脂肪、酸度、細菌之檢查，並利用離心力淨化，將塵埃、異物去除。為保持品質，一定要將它標準化，使同一品牌的乳製品有一定標準，為改善牛奶的消化吸收，防止瓶裝後脂肪分離，藉由均質機將脂肪球細碎成直徑1.0u，再將牛奶經過殺菌處理（保持殺菌62～65℃，30分或高溫瞬間殺菌72～75℃，15秒），再經裝瓶儲存。（如圖10-1）

一、牛奶離心

　　牛奶經離心後，奶油被分離出來，剩下稱為脫脂奶，含酪蛋白與乳清，乳清中含乳白蛋白、乳球蛋白、乳糖、礦物質、水溶性維生素。

二、牛奶加酸或凝乳酶

　　牛奶加酸或凝乳酶則形成凝乳（含酪蛋白及脂肪）、乳清（含有乳白蛋白、乳球蛋白、乳糖、礦物質、水溶性維生素）。

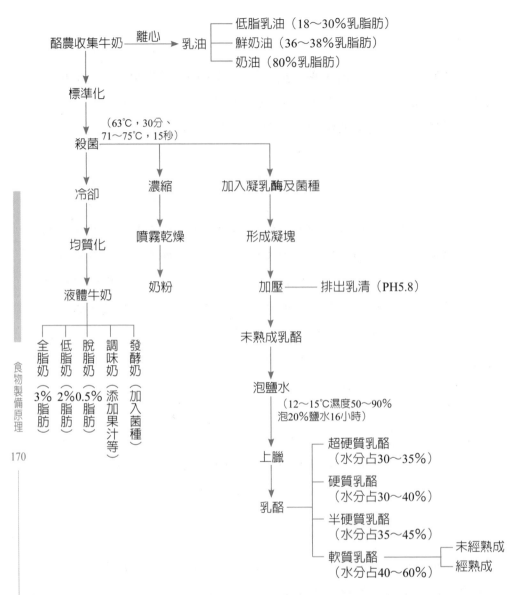

圖10-1　牛奶加工圖

第三節　牛奶之烹調原理

中國菜很少將牛奶加入烹調，西方人則將它加酸變成酸奶用於湯中，其烹調原理如下：

一、燒焦

牛奶直接加熱，因含乳糖而有燒焦作用，因此要隔水加熱，將牛奶放入不鏽鋼或玻璃器皿，放於裝有熱水的烹煮器隔水加熱。

二、皮膜產品

當牛奶經熟煮時，由於水分揮發形成皮膜，影響成品，因此需在烹調時不斷地攪拌，或上加打發的鮮奶油。

三、凝固作用

牛奶加酸至pH4.6時會使得酪蛋白凝固，蔬菜中含有單寧酸者應先殺菁，待牛奶煮好勾芡，再拌入殺菁過的蔬菜。

四、起泡能力

宜選用乳脂肪含35～38%的牛奶，下墊冰塊，以單一方向拌打會產生起泡，拌打後會有起泡力增加約1.5～2倍，拌打時應注意下列事項：

(一)用代用品（Imitation）時可解凍再冷凍對起泡力無影響，當選用市售純鮮奶油不能冷凍，用解凍後會形成脂肪球與乳清，無起泡力。

(二)拌打容器用不鏽鋼、塑膠器皿，不宜用鋁盆，因會打出黑色溶鋁的產品。

(三)拌打容器宜用圓形底面積小者，打之前宜放冰箱4～5℃冷藏，拌打時宜用單軸同一方向拌打，不宜用雙軸打蛋器拌打，會有離心現象。

第十二章

油　脂

第一節　油脂之特性

　　油脂是由動物或植物萃取而來，主要成分爲三酸甘油酯及少量雙甘油酯、游離脂肪酸、磷脂類、胡蘿蔔素、脂溶性維生素，基本由一分子甘油及三分子脂肪酸形成。

　　不溶於水但溶於有機溶劑、密度比水輕，常溫爲液體時稱爲油，固態或半固態稱爲脂。

　　利用煎熬、壓榨、溶劑萃取，一般煎熬法用於動物性油脂，植物性油脂則以壓榨法與溶劑萃取而來。

一、脂肪酸

(一)飽和脂肪酸

　　脂肪酸大多具雙數碳結合，碳與碳原子具單鍵稱爲飽和脂肪酸，除魚油外，大部分動物性脂肪爲飽和脂肪酸，如椰子油、棕櫚油、豬油、牛油，飽和脂肪酸含量高的油對人體不利，吃多了會造成血液中膽固醇高，不利於健康。

(二)不飽和脂肪酸

　　碳與碳原子之間如有雙鍵則稱爲不飽和脂肪酸，又分爲：

　　1.單元不飽和脂肪酸

　　　有一個雙鍵稱之，如油酸，油中橄欖油、芥花油、苦茶油、芝麻油可使血液中膽固醇量下降。

　　2.雙元不飽和脂肪酸

　　　有兩個雙鍵稱爲雙元不飽和脂肪酸。

　　3.多元不飽和脂肪酸

　　　含有兩個以上雙鍵的稱之，植物性油脂除椰子油與棕櫚油之外，含較多多元不飽和脂肪酸。多元不飽和脂肪酸含量高的油有沙拉油、玉米油、葡萄籽油、菜籽油，可使膽固醇下降。

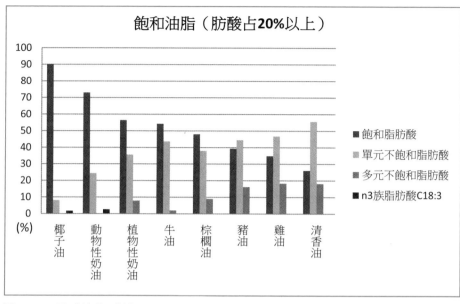

圖11-1　各式油脂成份

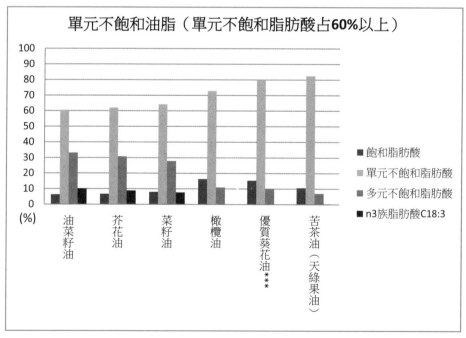

圖11-2　各式油脂成份

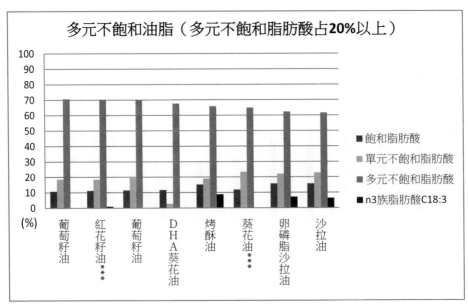

圖11-3　各式油脂成份

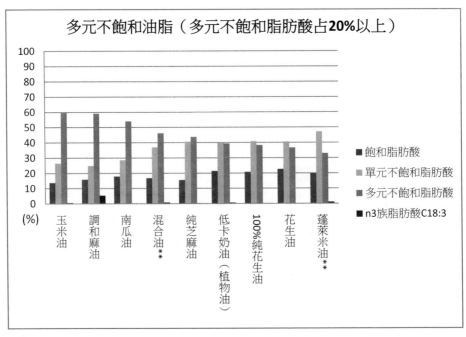

圖11-4　各式油脂成份

(三)反式脂肪酸

反式脂肪酸是將不飽和脂肪酸雙鍵的部分，通入氫氣變成飽和的單鍵，將液體油脂在室溫下變成固體油，改善油脂的熔點、穩定性。經過氫化的油脂，油炸時不容易產生聚合物，如油炸油反式脂肪酸占0～35%，人造奶油占15～25%，烤酥油占15～30%。

在近年的研究發現，攝取過多的反式脂肪酸時會造成血中高密度脂蛋白濃度下降，低密度脂蛋白上升，增加心血管疾病的發生比例。反式脂肪酸的攝取量與第二型糖尿病的發生率呈正相關，含反式脂肪酸食品宜少吃。高密度脂蛋白膽固醇（HDL）能將膽固醇帶離組織，進入肝臟，進入腸道排出體外，是好的膽固醇。低密度脂蛋白（LDL）是將膽固醇帶入細胞，造成血管壁膽固醇增加，造成血管不通，易引起動脈硬化，引發中風，它不能高於總膽固醇的70～80%。因此高密度膽固醇為好的膽固醇，以40～45mg/dl為佳，低密度膽固醇為不好的膽固醇愈低愈好，70mg/dl以下。

二、油脂的發煙點

將油脂加熱從油面冒出來的溫度，發燒點越高，油脂的品質愈好。市售各種油脂的發煙點如表11-1：

表11-1　市售油脂發煙點

油脂	發煙點（℃）
蓬萊油	250
沙拉油	245
烤酥油	232
紅花籽油	229
精製豬油	220
葵花油	210
玉米油	207
棕櫚油	190
花生油	162

三、油耗味（Rancid odor）

油脂因高溫油炸氧化及水解使得過氧化物含量高，產生油脂酸敗而有油耗味，其原因是油脂暴露於空氣中，空氣中的氧與不飽和油脂與游離不飽和脂肪酸作用產生過氧化物，產生醛、酮對身體有害之物質，產生不良氣味，為油脂壞掉之跡象。

第二節　油脂加熱之變化

一、油脂加熱時會有下列五個階段

(一)起始期：油炸食物表面呈白色，無脆感。

(二)新鮮期：食物表面外圍稍呈褐色，有脆度。

(三)最適期：食物呈金黃色，有良好脆度。

(四)劣變期：食物表面變硬。

(五)丟棄期：食物色變黑，表面變硬，有不良氣味。

二、油炸油之化學變化

(一)脂肪氧化

油脂在有氧狀況下，因光、熱或金屬加速氧化。

(二)水解

食物中的水分會因放入油中，水分釋出，使油脂水解產生雙甘油酯、單甘油酯、游離脂肪酸及甘油。

(三)熱聚合

油脂在高溫及有氧狀況下產生熱聚合，產生環狀單體、二聚體。

(四)異構物

有兩個以上不飽和雙鍵之脂肪酸在高溫下進行異構化，產生異構物。

（五）熱裂解

油脂經高溫產生熱烈解，在氧化、水解作用之下釋放出游離脂肪酸、單甘油脂，使得酸度增加，產生酮醛，使得分子變大，黏度增加。

第三節　市售橄欖油之種類

依據國際橄欖油將它分爲三大類，即初榨橄欖油（Extravirgin olive oil）、純淨橄欖油（Pure olive oil）及橄欖渣油（olive pomace oil）。

一、初榨橄欖油

又稱爲冷壓初榨，它是在室溫下萃取而來，游離脂肪酸低，味道芳香，爲最上等的油。

二、純淨橄欖油

含有較多游離脂肪酸，爲次等油。

三、橄欖渣油

利用溶媒從果渣中抽出來的油，此爲最差的橄欖油。

第四節　利用油酸來判斷油脂的好壞

酸價是指中和1公克油脂所含之游離脂肪酸所需的KOH毫克數。油脂會隨著存放時間越久，開封後與空氣接觸逐漸水解或因高溫油炸產生裂解，使得游離脂肪酸增加，當游離脂肪酸增加時，酸價增加，使得油脂變質。測油脂劣變可用試紙，當試紙放入油炸油中，四格藍色有兩格變黃，代表游離脂肪酸已達1.75％，當三格變黃，代表游離脂肪酸已達2％，該換油了。

第五節　餐飲業用油之指引

一、用油之選擇

(一)選擇多元不飽和脂肪酸比例高的油：選擇多元不飽和脂肪酸含量高的油，儘可能不用飽和性脂肪酸含量高的油。

(二)油炸油宜用發煙點高的油：如蓬萊米油、沙拉油、烤酥油、紅花籽油。

二、油炸時

(一)遠離熱源：油要放陰涼乾燥無日光直射處。

(二)緊密封蓋：用完緊密封蓋，不宜開放。

(三)分裝容器要乾燥、乾淨：一鍋油不宜炸不同食物，如炸魚與炸肉之油宜分開，炸魚之油有腥臭味，不宜重複使用。

(四)下列情況應換油：油溫低於170℃，游離脂肪酸大於2％，即酸價超過2.0，油色深、黏稠、有泡沫，有異味、泡沫面積超過油炸鍋二分之一。

三、儲存

(一)放於陰涼，避免陽光直射

(二)加蓋，保存於乾淨及乾燥罐子

第六節　近年來食用油事件

2013年，大統油廠由自行調配各種比例的油來充當高等級橄欖油、芝麻油、苦茶油等求得暴利，如橄欖油是由橄欖油加入葵花油、芥籽油、大豆油、銅葉綠素混合；麻油是用麻油加入芥籽油、大豆油、麻油香精而成；苦茶油是由苦茶油、葵花油、銅葉綠素而成，有不肖廠商利用回收餿水提煉油作成食用油，造成社會對食安問題不安。

第十二章

蔬果類

第一節　蔬果的分類

一、蔬菜的分類

(一)根菜：食用為植物之根部，如蘿蔔、紅蘿蔔、甘薯、甜菜、豆薯、大頭菜。

(二)莖菜：它分為地下莖與地上莖，地下莖如藕、薑、荸薺、芋頭、馬鈴薯。地上莖如茭白筍、竹筍、萵苣筍、球莖甘藍。

(三)葉：以葉為食用部位，又分為散葉、結球葉、嫩葉，其中結球葉如結球甘藍、大白球、芥菜。

(四)花：以花為食用部位，如花椰菜、金針花、韭菜花。

(五)果實：如茄子、番茄、瓠瓜、絲瓜、冬瓜。

(六)種子：如四季豆、毛豆、花生、豌豆等。

二、水果的分類

水果依構造可分為下列幾種：

(一)漿果類：表皮為外果皮，中果皮及內果皮為漿質如葡萄、番茄。

(二)瓜果類：果皮有堅硬的外殼，內果皮具漿質，如香瓜、西瓜、哈密瓜。

(三)橘果類：外皮含油，內果皮或果瓣，如柚子、橘子、柳丁。

(四)核果：內果皮有硬核，如李、桃。

(五)仁果：內果皮形成果心，內有種子，如梨、蘋果。

第二節　蔬果的營養價值

一、蔬菜的營養價值

蔬菜的蛋白質、脂肪含量少，醣類則依種類有所不同，根葉類、

種子類含有大量澱粉，醣類較高，可提供熱量，其他蔬菜則醣類很少，熱量低。但蔬菜對現代人最大的貢獻是纖維素，它可使人們每日排便順暢，不致於有大腸癌產生。在礦物質方面則含有鉀、鈣、鎂，維生素則含豐富的葉酸、維生素B_2、E、K。

二、水果的營養價值

水果的蛋白質、脂肪含量低，醣的含量則相當高，尤以越甜的水果醣的含量越高，含有豐富的纖維素、維生素A、C、B群。

水果適合生食，不宜烹調，烹調會讓維生素流失。

三、膳食纖維

蔬果所含膳食纖維是存在植物細胞壁，不易為人體消化酵素分解的成分，分為水溶性與非水溶性。水溶性的食物來源存在蔬菜與水果中的果膠、半纖維素、植物膠，如燕麥、豆類、蔬果、柑橘。非水溶性的食物來源為存於未精製的穀類、根莖類、植物的表皮，如全麥麵粉、蔬菜的外皮等，即植物的纖維素。

膳食纖維體積大，不易消化，吃後讓人有飽足感，可增加糞便體積，促進腸道蠕動，可防止便秘。它可吸附膽鹽，降低膽鹽，降低血液中膽固醇的濃度，可預防高血壓、心臟病，糖尿病患多些膳食纖維可減緩血糖的上升速度。一般成年人每日膳食纖維的攝取量20～35公克，其中水溶性膳食纖維宜5～10公克。

第三節　蔬果的色素

蔬果依色澤、色素不同分為葉綠素、花青素、類胡蘿蔔素、黃酮及二氧嘌基。

一、葉綠素

為綠色色素，在烹調過程會產生脫鎂反應，加入酸如白醋會使得中間的鎂離子被氫取代，形成黑籽酸鹽，變成墨綠色；加鹼如蘇打粉則變成葉綠酸，使蔬果變鮮綠，但鹼會破壞維生素B群，最好不要加入。

因此在烹煮綠葉蔬菜時，盡量採用快洗、快切、快煮，在烹調快起鍋才加入酸，不要為了保有綠色加鹼，會破壞其中的營養素。

二、花青素

花青素為蔬果的紅色色素，存於蔬果的表皮與果肉中，改變其酸鹼性，pH值會使它有不同的色澤。pH在1時花青素為紅色，pH值在4～5時會變無色，pH在7～8時呈深藍色，因此一般水果加工時pH4～5呈無色，再加酸至pH0～1時又呈現紅色。

三、類胡蘿蔔素

此色素不受酸、鹼、熱影響，烹調時可保有原來的色澤，如玉米、胡蘿蔔為良好的配色材料。

四、黃酮及二氧嘌基

此色素在酸中色更好，在鹼中色變差，因此如烹煮洋蔥時，加少許白醋色會更白，紫色蔬菜加入酸如白醋色會更紫。

第四節　有機農產品

1930年，歐洲地區農業學者建議以動植物及廢棄物取代化學肥料，改善土壤的成分，有機農業漸漸興起。

一、推動四原則

推動有機農菜有下列四原則：

(一)健康：不使用藥物、食品添加劑、化學農藥，以維持高品質食品，預防疾病。

(二)生態保護：以維持生態系統之運作為原則。

(三)公平：保護人與環境，人與人之間及人與生物之間之公平、尊嚴之原則。

(四)關懷：擁有關懷環境，對後世負起福祉之責任。

二、有機農作物的定義

種植農作物的過程完全不用化學肥料、農藥、除草劑、植物生長劑，而使用有機自然肥料，對已經使用過農藥或化學肥料的耕地，需經過3～6年的休耕，再生產之農作物稱為有機農作物。

三、臺灣有機農產品生產驗證

臺灣於民國97年1月29日第一次立法規範《有機農產品生產驗證及管理法》，至98年1月31日生效，有機蔬菜之驗證包括書面審查、實地查驗、產品檢驗及驗證決定，作業期限合計不得超過一年。

四、有機農產品標章

臺灣由不同驗證機構來認證不同的有機產品，如財團法人慈心有機農業發展基金會、財團法人國際美育自然生態基金會，中華有機農業協會，可認證有機農糧產品與加工品；臺灣省有機農業生產協會、臺灣寶島有機農業發展協會，可認證有機農糧產品。

第五節　蔬果農藥之去除

臺灣天氣潮濕，蔬果常噴灑農藥，要去除農藥有下列方法：

(一)買回來放置數日

讓農藥代謝

(二)買削皮的蔬果

將外皮削除，可去除外皮的農藥。

(三)用流水式水沖洗

用流水式水沖洗可沖掉農藥，不要用浸泡方法，會使農藥又再吸入。

(四)購買有機標章的蔬果

(五)購買有吉園圃標章的蔬果

表示在種植過程中所使用的農藥是受到管控的。

第六節　蔬菜殺菁

所謂殺菁是將蔬菜放入100℃滾水，取出速浸泡冷水。此方法有下列優點：

　　1.去除農藥。

　　2.使體積變小。

　　3.保持蔬菜色澤。

　　4.方便蔬菜儲存。

蔬菜中只有根莖類如芋頭、紅蘿蔔、青豆仁、馬鈴薯可冷凍，但此類蔬菜冷凍前需經殺菁處理，葉狀類蔬菜水份含量高，經冷凍後再解凍會使水份流失，蔬菜沒脆度呈纖維狀，口感不佳。

第七節　蔬果之儲存

一、蔬果可冷藏

葉狀，已成熟的水果宜放冰箱冷藏，可用有孔洞或透氣塑膠袋來盛裝。

二、放室溫

未成熟的水果如香蕉、釋迦宜放室溫，讓它追熟；洋蔥、高麗菜、南瓜、冬瓜可放室溫陰涼處。

三、根莖類冷凍前處理

根莖類中澱粉質含量高的蔬菜，如青豆仁、馬鈴薯、芋頭可冷凍但需經殺菁處理。葉狀蔬菜水分含量高不宜冷凍，經冷凍後水分變成冰晶，經解凍後會成粗纖維，令人難以下嚥。

第十三章

菇　類

臺灣由1956年開始，開始栽培食用的菇類，菇類被稱爲食用的真菌，以香菇、金針菇、秀珍菇、洋菇、草菇、柳松菇、鴻喜菇、猴頭菇、鮑魚菇、木耳等。

第一節 菇類的營養價值

表13-1 各類菇類的營養價值

菇類 項目	熱量 （kcal）	水分 （g）	粗蛋 白質 （g）	粗脂肪 （g）	碳水 化合物 （g）	膳食 纖維 （g）	灰分 （g）
香菇 （濕）	38	88.7	3.4	0.2	7.2	3.3	0.6
（乾）	349	3.8	12.2	0.1	81.1	37.6	2.8
金針菇	38	89	2.6	0.3	7.3	2.1	0.8
秀珍菇	27	91.8	2.3	0.2	4.7	3.0	0.9
洋菇	19	94.2	2.0	0.2	3.0	1.5	0.7
草菇	37	88.6	3.8	0.3	6.3	1.5	1.0
柳松菇	41	87.6	4.5	0.3	6.8	1.3	0.8
鴻喜菇	34	89.9	3.2	0.3	5.8	2.7	0.8
猴頭菇	34	90.1	2.1	0.2	6.9	2.8	0.8
鮑魚菇	30	90.2	4.3	0.1	4.8	1.5	0.7
木耳 （濕）	44	88.2	0.9	0.1	10.6	7.4	0.2
（乾）	328	11.8	6.6	0.1	79.5	78.1	2.0

由表13-1可知各種菇類的營養價值，每100公克新鮮菇類熱量很低，水分含量高（80～90％），蛋白質低（0.9～5％），脂肪低（0.1～0.5％），碳水化合物低於10％，膳食纖維3～8％，礦物質0.2～1％。乾燥後之菇類熱量、蛋白質、碳水化合物增高很多，但使用前需復水才能

烹調。菇類含有很多的萜類、酚類、核酸、多醣體、蛋白質，這些物質有抗腫瘤、增加免疫力、降低高血壓、降低膽固醇、降血糖、抗病毒、抗寄生蟲。

菇類含豐富的纖維素、維生素，不含膽固醇，脂肪含量低，爲營養美味的健康食物。

第二節　各食用菇類

現介紹市售各種食用菇類。

一、香菇

香菇爲眞菌門香菇屬，由於種植的光度、溫度、濕度、海拔高度會影響在形態、品質、色澤的差異。香菇含有三十多種酵素和十多種胺基酸，加工將它萃取出香菇精。

它還有很多抗腫瘤的成分如香菇多醣，可增強人體免疫力、抑制腫瘤，含有豐富的維生素B_1、B_2爲鹼性食品。經日本晒過的香菇，可將麥角固醇經陽光晒過，轉化成維生素D。

自古以來，香菇爲中菜之珍貴食材，中菜中的八珍、四寶菜色中少不了它，它可增加原本食材的香味、甜度。

二、金針菇

金針菇又稱爲金菇、金絲菇，爲小火菇屬，由於呈黃褐色似金針而命名爲金針菇。

金針菇含豐富的胺基酸、維生素，將它分離出，具有降膽固醇及抗癌的功效。

金針菇加入火鍋中，味道清香甜美。

三、秀珍菇

屬於眞菌門側耳屬，又稱爲蠔菇，它是利用麥桿或稻草堆肥，體型小，含有豐富的胺基酸、維生素B_1、B_{12}，菸鹼酸。其中可溶性聚葡萄糖可增強身體的免疫力，市面上將它經油炸加上胡椒，芥茉、辣椒做成油炸眞空包。

四、洋菇

屬於眞菌門傘菌屬，子實體成半球形5～12公分，上面爲白色圓柱形，光滑，具有豐富的蛋白質、碳水化合物、纖維素、鈣、磷、鐵及維生素B_1、B_2，具有降低膽固醇、降血壓之功效。

洋菇很容易褐變，因此需汆燙滾水再泡冷水，由於沒味道，在湯汁可加少許鹽或蠔油。

五、草菇

爲眞菌門，小包腳菇屬，灰褐色，子實體5～12公分，生長在草堆上，嗜高溫，生長於熱帶與亞熱帶，含有豐富的蛋白質、醣類、鈣、磷、鐵及維生素B_1、B_2，含有提高人體免疫力，增強對傳染病的抵抗力，爲一種良好的抗癌食物。

適合清炒，口感好，不耐儲存，買回來後速用掉。

六、柳松菇

又名茶樹菇，屬眞菌門田頭屬，傘蓋呈淡褐色，具咖啡褐色膜，常在榕樹、白楊樹的腐朽木上，菇柄脆嫩，味鮮美，適宜煮火鍋或炒食。

經研究發現，它具有抑制癌細胞的作用。

七、鴻喜菇

屬眞菌門傘菌屬，生長在闊葉樹的腐木上，含有多種胺基酸，並有

豐富的鈣、磷、鐵、鋅、鎂，可抑製腫瘤成長。由於質地細嫩，可作煮湯、火鍋或油炸之用。

八、猴頭菇

屬於擔子菌門，猴頭菇科，具有扁球形淡黃色菇體，生長於中海拔林地，外型如花椰菜，可作為治療神經衰弱、胃潰瘍、高血壓之用。

九、鮑魚菇

又稱為平菇，屬於擔子菌亞門側耳屬，肉質肥厚，含有豐富的蛋白質、碳水化合物、粗纖維，鈣、磷、鐵、維生素B_1、B_2，味甜美。具有抗腫瘤，提高免疫力，降血壓及膽固醇的功效，適合燉湯、燴炒。

十、木耳

屬真菌門，生長於亞熱帶、熱帶之腐朽木上，依著生的樹木分為桑耳、槐耳、楮耳、榆耳、柳耳。富含豐富的胺基酸及維生素C，礦物質有磷與鐵。木耳可減低血液凝塊，防止血栓形成，緩和冠狀動脈硬化，對心血管疾病之防治有很大功效，纖維素可產生飽足感，促進腸胃蠕動，減少便祕具有減重的功效。

第三節　保健用菇類

真菌之子實體及菌絲被發現具有抗腫瘤的特性，近年來，靈芝、巴西蘑菇、桑黃、白樺茸、牛樟芝、多蟲夏草被作為保健用品

一、靈芝

靈芝含有多醣體，吃入體內後經活化細胞的作用，分泌干擾素，提高人體的免疫力，又含有靈芝酸，可減輕肝炎，降低血糖與血脂，具降血壓，又含核酸具有降膽固醇，促進血液循環、抗血栓，增強免疫力之作用。

二、巴西蘑菇

又稱爲姬松茸，爲眞菌類蘑菇屬，含有水溶性多醣體，含葡萄糖、不飽和脂肪酸（以亞麻油酸爲主）、維生素B_1、B_2，礦物質有鈣、磷、鐵、鎂、鉀，含有麥角醇，食用後可多獲得維生素D，改善骨骼疏鬆的現象。

三、桑黃

寄生在桑木上，不同的桑樹會有不同的子實體，近年來被發現它具有抗癌之功效。

四、白樺茸

寄生在白樺樹上，爲眞菌類，具有葉酸、氧化三萜化合物，具有抗癌之功效。

五、牛樟芝

牛樟芝又名牛樟菇，爲牛樟樹腐朽樹長出的腐木菌，由牛樟芝樹萃取出有效的生理活性物質。對抵抗肝炎肝硬化，可將牛樟芝子實體清理乾淨，切成薄片，加蜂蜜、冰糖、枸杞、紅棗熬煮。

六、冬蟲夏草

又稱爲蟲草菌、子實體是子座與寄生主蝙蝠蛾幼蟲屍體的複合物，冬天侵入宿主蝙蝠蛾幼蟲稱爲冬蟲，夏天氣候溫暖，菌絲開始長出，頭部長出子實體。它含有21種胺基酸，含鐵、鋅、硒、銅、鎂、錳、鍶及蛋白質、蟲草素、蟲草多醣、蟲草酸，可增強人體免疫力，增加紅血球，增加血液回流至心臟、降血壓、預防心肌梗塞。

第十四章

飲　料

第一節　咖啡

　　咖啡樹屬於熱帶常綠灌木，生長在赤道南北緯25度的地區，需有陽光、雨水但不能降霜。將咖啡種子種入肥沃的泥土，待3～5年才會結果，第5年以後才會有咖啡豆出產，6～10年產量最多，有20年結果期。咖啡的果實，剛結果時為深綠色，再轉黃至櫻桃紅色，咖啡樹以阿拉比卡（Arabica）產量最多，占世界咖啡的65％，其次為羅巴斯達（Robusta）及利比利卡（Liberica）。阿拉比卡種有很好的風味與香氣，主要產於南美洲、中美洲、非洲、亞洲；羅巴斯達種有獨特的香味與苦味，一般用於製成即溶咖啡，生產於印尼、越南、非洲；利比利卡種產於西非賴比瑞亞，風味較差，生產量較少。

二、世界各地的咖啡特性

(一)巴西咖啡

　　巴西有21個州，17州出產咖啡，為世界咖啡主要生產國家，其中有4個州總產量占全國之98％，即巴拉那州、聖保羅州、米拉斯吉拉斯州、聖埃斯皮里圖州。由於產量多，使用機器採收並用機器烘乾。巴西咖啡有淡淡清香，略帶苦味，酸味低，傳統的烘焙機是用滾筒式，烘焙一次約需21～25分，經研磨後的粉在1～7天內用空。可用濾泡式、虹吸式、高壓式來沖泡。

(二)哥倫比亞咖啡

　　哥倫比亞的咖啡產量僅次於巴西，咖啡為小粒品種，以麥德林地區出產的咖啡豆顆粒飽滿，香味濃厚。大部分的咖啡豆採用水洗式，經中度烘焙具清淡口感，具獨特酸味及香醇味，酸、苦、甜味道配得恰到好處。

(三)牙買加咖啡

　　牙買加島有藍山山脈，為加勒比海最高峰，生長在海拔666公尺以上的咖啡叫藍山咖啡，在666公尺以下的咖啡稱為高山咖啡，最好

的藍山咖啡豆爲NO.1 Peaberry，是在海拔2,100公尺所精挑細選的小顆圓豆。藍山咖啡豆成熟後，用手摘，經水洗、去皮、發酵、脫水、晒乾、脫殼、烘焙而成，咖啡因含量低，具有酸、苦、甘、醇的味道。

(四)衣索匹亞

衣索匹亞爲阿拉比卡咖啡的原產地。衣索比亞摩卡爲紅海岸邊的港口，此地出產具有巧克力風味的咖啡豆，具有甘、酸、苦口味。

(五)夏威夷

夏威夷的科納咖啡豆，果實飽滿，咖啡濃香，酸度適宜，分爲三種等級，即特好（Extra Fancy）、好（Fancy）和一號（Number one）。

(六)越南咖啡

越南南部爲熱帶氣候，適合種羅巴斯達咖啡，北部適合種阿拉比卡咖啡，具有咖啡香味、酸味、焦香味，代表性產品有摩氏咖啡（moossy）、中原咖啡（G7 Coffee）、西貢咖啡（SAGO CAFÉ）。越南咖啡的沖泡是將焙煎研磨好的咖啡粉放於咖啡滴壺，將滴壺放於咖啡玻璃杯上，煮好的熱水沖入滴壺中，咖啡即滴入杯中，再加奶精。

(七)印尼咖啡

印尼在17世紀時由荷蘭人引進阿拉比卡咖啡樹，但因鏽病產量大減，18世紀則引進抗病力強的羅巴斯達種，種在印尼爪哇、蘇門答臘、蘇拉威等地，在蘇門答臘北部托巴湖所產的咖啡即爲曼特寧咖啡。

曼特寧咖啡不酸不澀，口感醇厚，經焙煎後具有苦味、甜味。

印尼蘇門答臘地區的麝香貓吃了咖啡豆後排出糞便，由於經過胃發酵，經消化後之咖啡豆、蛋白質分解爲胺基酸，降低咖啡豆的苦澀味，經清洗、烘焙後形成味道香醇的貓屎咖啡。

(八)臺灣咖啡

咖啡豆只能種在南北回歸線之間，臺灣有六個縣市，花蓮、南投、

高雄、嘉義縣市、澎湖適合種植，有二個地區種植成功，即雲林之古坑鄉及臺南東山鄉，以阿拉比種為主，面積小產量不多，但味道十分香醇。

二、咖啡豆

咖啡果實成熟時如紅櫻桃，由外皮、果肉、銀皮及種子（咖啡豆）所形成。種子位於果實中心，當咖啡豆經採收後，需將外皮、果肉、銀皮經浸泡或晒乾後去除，再將咖啡種子乾燥後，經炒焙，再經研磨、沖泡過濾成喝的咖啡。

三、咖啡豆的成分

咖啡含有蛋白質、脂肪、醣、咖啡因、單寧酸。

(一)蛋白質

生豆的蛋白質占11.8％，焙煎豆占12.8％，蛋白經焙煎後為香味之來源。

(二)脂肪

生豆的脂肪占11.7％，焙煎豆占13.2％，為咖啡香氣之來源，但咖啡儲存太久會因脂肪氧化產生油耗味。

(三)醣

生豆的醣類占8％，焙煎豆占1.8％，經烘焙後會轉化成焦糖，使咖啡變褐色，為咖啡甜味之來源。

(四)咖啡因

生豆焙煎豆均占1.3％，一般一杯80oz咖啡含95mg之咖啡因，去咖啡因，80oz的咖啡含2mg，即溶咖啡含69mg。咖啡因會刺激大腦皮質，促進血管擴張，提高新陳代謝，為咖啡苦味的來源。

(五)單寧酸

生豆占6％，焙煎豆占4％，經焙煎後，單寧酸會產生澀味與酸味，影響咖啡味道。

四、咖啡對健康的影響

咖啡對身體健康的功效與危害如下所敘述：

(一)對健康的功效

1. 保護心血管：少量咖啡可增強心臟的收縮，促進血液循環，預防心血管疾病。
2. 提神：咖啡因可刺激腦部的中樞神經，使腦部清晰、敏銳，可提高工作效率。
3. 抗氧化：咖啡之咖啡因具有抗氧化功效，可抵抗威脅身體自由基之有害物質。
4. 促進消化：咖啡因會刺激交感神經，提高胃液分泌，有助於食物之消化。
5. 抗憂鬱：少量咖啡可使人精神振奮，紓解憂鬱。
6. 利尿：咖啡具利尿作用，提高尿量。
7. 改善便秘：咖啡可刺激胃腸蠕動，改善便秘。

(二)對身體之危害

1. 孕婦不宜：咖啡因會降低婦女受孕之機會，增加孕婦流產風險，阻礙胎兒的發育。
2. 增加骨骼疏鬆現象：咖啡因會增加鈣質之流失，因此喜歡喝咖啡的人也要注意鈣質的攝取。

五、如何判斷品質好的咖啡

分為生豆與焙煎豆的判斷：

(一)生豆

1. 了解咖啡豆的來源：因不同地區生長出來的咖啡豆品質不一，需依地區來收存。
2. 生豆外觀均勻並具光澤。
3. 生豆不宜有破碎顆粒或含有石頭。

4.生豆水分不宜太高。

(二)焙煎豆

咖啡經烘焙後可降低單寧酸，醣焦化有焦糖化引起的香味。

1.聞起來要香，不宜有油脂酸敗味。

2.豆子炒焙色澤要均勻。

3.咖啡豆要新鮮，放入口中咬，有脆的感覺。

六、咖啡的焙煎

咖啡的烘焙依烘焙的程度可分為輕、中、重三大類，輕度烘焙沒有香味，酸味較強，為美國西部喜愛。中度烘焙味酸、苦，適合哥倫比亞、巴西、紐約、中南美洲所喜愛。重度烘焙咖啡色黑，具苦味，為法國、義大利人所喜好。

七、咖啡沖泡

將咖啡豆磨細後，藉由水來萃取咖啡豆的芳香物質。煮咖啡要有好的品質應注意下列事項：

(一)新鮮的咖啡豆

未烘焙的咖啡豆可保存1～2年，經烘焙完成後，咖啡豆的新鮮度會因與空氣接觸度而下降，儲存30～45天，經研磨後的咖啡豆需在研磨後5～10分鐘沖泡。

(二)好的研磨

不同的沖泡方式要有不同的粗細度，如Espresso應用細研磨，塞風壺及濾沖式宜用中度研磨，法國式沖泡宜用粗研磨，即沖泡時間越長，研磨顆粒要粗，時間越短，研磨顆粒要越細。

(三)合適的水與水溫

硬水宜過濾成軟水，沖咖啡的水溫宜85～95℃，時間約20～30秒。

八、喝咖啡的禮儀

喝咖啡要重視禮儀，現介紹如下：

(一)選用正確的器皿

要用正確的咖啡杯、盤、小匙，一般喝咖啡的杯，下有盛放盤，盤中應有凸槽，咖啡杯應內側為白色不宜黑色，如為黑色則看不出泡出來咖啡的品質。

小匙則用來作攪拌用，不宜用小匙一匙匙來取用咖啡。

(二)咖啡糖與奶精

會品味咖啡的人不加糖與奶精，才可喝出咖啡品質的好壞。

(三)如何品嘗咖啡

先用一口冷水將口腔清理，應趁熱喝不加糖與奶精的黑咖啡，感受咖啡原來的風味。

第二節　茶

茶是指茶樹的葉子經加工製作而成，由茶葉泡出來的汁液。在中國古代《神農本草經》記載指出：「神農嘗百草，日遇七十二毒，得茶而解之。」《詩經》中指出：「誰謂茶苦，其甘如薺。」陸羽之《茶經》中記載：「茶之為飲，發乎神農氏，聞於魯周公」。

世界有五大茶葉進口國為英國、俄羅斯、巴基斯坦、美國和埃及。英國有77%的人有飲茶習慣，俄羅斯有95%的人飲用紅茶。中國為綠茶最大的出口國，其次為越南、印尼，在中國有18個省種植茶葉，如浙江的西湖出產龍井茶、福建的武夷出產岩茶、安溪的鐵觀音、安徽的祁門紅茶、黃山的毛峰、雲南的普洱茶。

一、茶的成分

茶含有下列成分：

(一)蛋白質

乾燥茶葉中，蛋白質占15～23％，在製茶過程中會水解產生胺基酸，泡好的茶會產生腐敗，因此不宜喝隔夜茶。

天然茶中含有二十多種胺基酸，其中茶胺酸占60％，其次麩胺酸及天門多酸，在泡茶時會與其他成分作用。

(二)碳水化合物

乾燥茶葉含有4％單醣，在製茶過程中有些澱粉、果膠會有分解現象，微溶於水，使茶湯稍具甜味。

(三)脂質

含量占2～3％，很難溶於水，營養價值不高。

(四)礦物質

乾燥茶葉約有5％之礦物質。泡茶可溶出80～90％，以氟、鉀、錳、銅為多。

(五)維生素

有脂溶性維生素（A、E、K）、水溶性維生素（B_1、B_2、葉酸、鞣酸）。

(六)咖啡因

乾燥茶葉含3～4％咖啡因，使人喝茶後會有提神醒腦、鬆弛肌肉之作用。

(七)多元酚類（又稱為兒茶素）

發酵茶如紅茶，半發酵茶如烏龍茶，具有茶單寧，具有苦澀味，強化血管壁，促進胃腸蠕動，降低血脂肪、血糖之作用。

二、茶的種類

(一)依發酵與否（如表14-1）

　　1.不發酵茶

　　茶葉採摘後，經殺菁、揉捻、解塊、乾燥、切斷、篩分、風選做成，不經過發酵，如綠茶，依地名產有龍牛、碧螺春茶。

2.半發酵茶

茶葉經日光萎凋後，半發酵處理，再經殺菁、悶熱、揉捻、解塊、篩分、風選做成，如包種茶，臺灣有文山包種茶、宜蘭包種茶、松柏長青茶、鐵觀音。

3.發酵茶

茶經過日光萎凋、揉捻、解塊、發酵、乾燥、篩分、風選做成，如紅茶、普洱茶，臺灣有小葉種紅茶，阿薩姆大葉種紅茶。

表14-1　茶葉依發酵程度分類表

發酵程度%	茶葉
0	綠茶、龍井、碧螺春、眉茶、珠茶、煎茶
10	白茶
20	文山包種、香片
40	松柏長青、凍頂烏龍
70	烏龍茶、普洱茶
80	紅茶

(二)依顏色

1.綠茶：為不發酵茶，味甘，如龍井茶、碧螺春、竹葉青。

2.紅茶：如阿薩姆紅茶、祁門紅茶、錫蘭紅茶。

3.黑茶：如雲南普洱茶、藏茶。

4.白茶：如白牡丹、壽眉、白毫銀針。

5.黃茶：如霍山黃芽。

6.烏龍茶：如東方美人茶、文山包種茶、凍頂烏龍茶。

(三)依茶葉形狀

1.散茶：散裝之茶葉。

2.眉茶：將茶葉壓成眉毛形狀。

3.珠茶：將茶葉揉成珠狀。

4.團茶：將茶葉壓成餅狀。

5.茶末：將茶梗、茶葉碾成茶末，常用茶袋裝成，又稱爲碎形茶。

(四)依季節區分

1.春茶：又稱爲春仔茶，在清明前後即十二月下旬冬茶採摘後至五
月中旬，占茶葉之35％。

2.夏茶：五月下旬至八月中旬採摘，占茶葉35％。

3.秋茶：八月下旬至十月下旬採摘，占茶葉20％。

4.冬茶：十一月下旬至十二月上旬採摘，占茶葉5％。春茶價格
高，烏龍茶、紅茶以夏茶較優，因夏季氣溫高，茶葉較肥厚。

三、茶的品質

(一)外形

1.看茶葉色澤：在光線充足的地方看茶的色澤均勻，有光澤，若色
澤不均勻就不是上品。

2.泡好的茶：茶葉完整，最好一心二葉。

3.捲曲形狀：捲得越緊越好，圓形比扁身緊。

4.有無雜物：雜物或碎片越少越好，不能夾帶砂粒、其他植物葉
片。

5.芽尖：芽尖越多代表越好，越細嫩。

(二)香氣

1.不同茶有不同茶香：如包種茶有花香、烏龍茶有成熟的果香。

2.香的程度：香氣越久越濃者越香，品質較好。

(三)湯色

1.明亮：以明亮清澈，如有茶末使湯色混濁爲不好的茶。

2.自然：具有茶自然的湯色，包種茶、綠茶色淡；紅茶、烏龍茶爲
濃艷之湯色。

(四)味道

1.茶之味道：綠茶入口甘醇、潤喉，若澀味、苦味重則爲下品。

2.收藏太久：若收藏太久會有各種雜味，則爲下品。

(五)葉底

泡好的茶葉葉底完整，不能有斷裂碎片。芽尖完整，枝葉完整爲上品。

四、泡茶要領

(一)茶具

茶具以陶瓷壺爲佳，外觀順滑均勻，壺柄彎度自然，壺蓋緊密，壺身均勻平整，壺的質地自然沒有塗上墨之痕跡。

(二)茶量

依喝的人喜好而定，一般裝至茶壺1/2至2/3之茶量，以滾水先沖第一泡倒掉，再沖第二泡，要等五分鐘再倒出飲用。

(三)水質

用自來水會有氯味，因此需經過濾後的軟水來煮沸。

(四)溫度

以100℃滾水來沖泡。

(五)時間

綠茶需浸泡1～3分鐘，半發酵茶浸泡1～2分鐘，發酵茶3秒至1分鐘。

每加一泡茶需延長10秒至30秒。

第十五章

蛋糕與小西餅

第一節　蛋糕類

現依蛋糕材料、膨大方法分類依序介紹。

一、蛋糕的材料

蛋糕分為乾性、濕性、韌性、柔性材料。

(一)乾性材料：材料具吸水性如麵粉、奶粉、發粉、鹽、糖。

(二)濕性材料：如水、奶水、蛋。

(三)韌性材料：具結實度，為結構材料，如麵粉、奶粉、蛋白、可可粉。

(四)柔性材料：使成品柔軟、組織疏鬆者，如油、蛋黃、水。

二、膨大來源

利用機械作用、化學膨大劑、水蒸氣使蛋糕脹大。

(一)機械作用：利用麵粉、油脂或油脂糖拌打入空氣，或全蛋、蛋黃、蛋白打入空氣。

(二)化學膨大劑：利用Baking Powder或Baking Soda拌入產生二氧化碳。

(三)水蒸氣：利用烘焙時產生的水蒸氣使體積變大。

三、蛋糕的分類

蛋糕依材料及膨大來源分為麵糊類蛋糕、乳沫類蛋糕、戚風類蛋糕。

(一)麵糊類蛋糕（Batter type cake）

又稱為油脂類蛋糕。

　1.配方：配方所含油脂成分較高。

　2.膨大來源

　　(1)利用油脂、糖或麵粉、油脂攪拌，在攪拌過程中打入大量空氣，將空氣保留在麵糊內，經烤焙後達到一定體積。

(2)依賴配方中添加的化學膨大劑（baking powder或baking soda）加水攪拌所產生的氣體，經烘焙後達到一定的體積。

3. 類別

(1)輕奶油蛋糕

配方內油、蛋用量較低，除油打進空氣之外，尚要靠化學膨大劑，又分為高成分與低成分兩種，如黃蛋糕、白蛋糕、巧克力蛋糕、魔鬼蛋糕。

(2)重奶油蛋糕

配方內油、蛋量較高，不需添加任何化學膨大劑，如加化學膨大劑是調整體積、外型、內部組織之用。如布丁蛋糕、水果蛋糕、大理石蛋糕。

(二)乳沫類蛋糕（Foam type cake）

又稱為泡沫蛋糕。

1. 配方：配方中蛋、糖比例高

2. 膨大來源：利用全蛋、蛋白、蛋黃加糖，打入大量空氣，將空氣保留於蛋的薄膜內，經烘焙而成。

3. 類別

(1)蛋白糖

利用配方中蛋白加糖拌入大量空氣，配方中不加油脂或化學膨大劑，如天使蛋糕（香草天使、橘子天使、櫻桃天使）。

(2)海綿類

分為高、中、低三種成分，利用全蛋或蛋黃攪拌時打入大量空氣，低成分要加少量化學膨大劑以補不足的蛋量。如海綿蛋糕、蜂蜜蛋糕、長崎蛋糕。

(三)戚風蛋糕

1. 配方

利用麵糊與乳沫蛋糕之優點做出之成品。

2. 膨大來源

根據麵糊之發粉作為膨大來源，加入少許油作為柔性材料，以乳沫蛋糕的蛋白作為膨大來源。

其產品如檸檬戚風、橘子戚風、櫻桃戚風等。

四、好的蛋糕應具備的條件

好的蛋糕應具備下列條件：

(一)使用好的材料

好品質的食材才可製作出好品質的蛋糕。

(二)適當的配方

應有好的配方，乾性材料與濕性材料應平衡。

(三)正確的攪拌次序與時間

了解各種材料填加次序與原理。

(四)正確的烤焙時間

蛋糕烤焙時間依下列因素而定：

1.蛋糕麵糊多寡：麵糊越多，烤焙時間越長。

2.成分高低：成分越高，烤焙時間越長。

3.類別：重奶油蛋糕烤的時間最長、乳沫類烤的時間較短。

4.厚薄：蛋糕越厚，烤的時間越長。

烘焙溫度高低，對成品有影響，烤焙溫度太高時，會易現邊緣下垂、中央突出、結構結實、緊密；烘焙溫度太低，成品顏色淺、粘烤盤、組織鬆散。

第二節　小西餅

小西餅為香、脆、酥的點心，現依分類：

一、分類

依成分之分類

(一)麵糊類：依麵粉、油脂或油脂糖拌打而成。

(二)乳沫類：以全蛋、蛋黃、蛋白拌打而成。

依性質分類

(一)脆硬性：糖之用量大於油大於水，用刀或模型來整型，如椰子小西餅。

(二)酥硬性：糖、油、液體之用量等量，用刀、模型來選型，如冰箱小西餅。

(三)酥軟性：油之用量大於糖大於液體，一般用擠花袋來整型，如丹麥小西餅。

(四)鬆軟性：液體用量大於糖大於油，一般用擠花袋來整型，如蛋黃餅、椰子夾心小西餅、椰子球。

二、小西餅材料選用

(一)麵粉

根據小西餅之特性來選擇麵粉，如製作酥鬆的小西餅用低筋麵粉，製作酥、脆的小西餅用中、高筋麵粉。

根據小西餅的外表體積大，有裂痕者用低筋麵粉，保持外表形狀用中、高筋麵粉。

(二)油

選擇安定性高、油性好、融合性好的油，可使產品具有酥、脆的特性。

1. 安定性

選擇安定性高的油可使製作出來的小西餅保存期限增長。

2. 油性

油性越大油脂達到酥脆的特性越好，以豬油做出的產品達到酥脆性越好，但其油味濃，可加入其他油脂混合，去除豬油之味道。

3. 融合性

油於攪拌時打入空氣及保留空氣的能力，融合性好的油，拌打後

可打到最大體積，若不選用融合性好的油而添加化學膨大劑，會影響成品的顆粒大小及外表顏色。

(三)糖

可用細砂糖、糖粉、糖漿，若要烤好後撒上糖，糖顆粒不變可用粗砂糖。若要烤好後有糖衣則用細砂糖，水量少則用糖粉，水量多用細砂糖。若要產品有香味、顏色可用糖漿或焦糖。

根據配方成分高低來用糖。高成分即油、糖用量高，用顆粒細的糖粉，低成分用顆粒較粗的細砂糖。

要使表面裂痕大則選用較粗的糖，顏色深用糖量增加，水少用糖粉，水多用細砂糖。

三、小西餅之攪拌

麵糊類小西餅用糖油拌合，以漿狀拌打器打發；乳沫類小西餅以鋼絲拌打器打發。

四、小西餅之整型

1. 依據小西餅的特性，如薄、脆之小西餅應桿薄一些。
2. 根據小西餅的形狀，可用模型來協助整型。
3. 放入烤箱要大小、厚薄、距離一致。
4. 配方中，油高則烤盤不擦油，油少則烤盤抹些油。
5. 配方油高則不擦油，配方油少則擦油。

五、小西餅之烤焙

1. 以350～380℉為佳。
2. 油多宜用低油烤。
3. 上火大、下火小。
4. 烤10～15分，體積小薄者以7～8分即可。

六、小西餅之包裝

　　密封，保持香、脆、酥、延長儲存，可增加商品價值。

表15-1　杏仁瓦片餅

材料：	作法：
全蛋3個 蛋白3個 低筋麵粉150公克 細砂糖340公克 杏仁片500公克	1.將低筋麵粉過篩，將全蛋、蛋白、細砂糖加入拌勻。 2.將水煮滾，將拌好的麵糊隔水加熱拌勻，加入杏仁片，放冰箱冷藏。 3.烤盤鋪上蛋糕紙，將麵糊挖取1小勺於紙上，保持適當距離，放入預熱180℃的烤箱中，上火180℃，下火160℃，烤8～12分。

表15-2　擠花小西餅

材料：	作法：
低筋麵粉380公克 糖粉180公克 蛋3個 奶油100公克 酥油80公克 白油50公克 蘇打粉1公克 泡打粉0.5公克 奶水1/4杯	1.將糖粉、奶油、酥油、白油、蘇打粉、泡打粉打發，加入蛋、奶水、低筋麵粉拌勻成麵糊。 2.取烤盤，將麵糊裝入擠花袋，擠出花形，烤箱預熱至180℃，以上火180℃，下火160℃，烤20分。

第十六章

低碳與素食飲食

第一節　低碳飲食

　　2007年，聯合國跨國政府氣候變遷小組的報告中指出，21世紀大氣中二氧化碳的濃度較20世紀增加了35％，造成全球暖化，其原因在於人類活動中二氧化碳增加。隨著經濟成長，人類的飲食習慣食用大量動物性食物，生產動物性食物會製造更多二氧化碳。環保署指出，生產1公斤的牛肉會製造36.4公斤的二氧化碳，每位肉食者一年的飲食會產生1,500公斤的二氧化碳，為了減少農牧業對環境的衝擊，就需改變人們的飲食習慣。

一、低碳飲食原則

　　環保署以食物的生命週期來擬定低碳飲食原則。

(一)生產：選擇當季新鮮食材，可減少肥料、農藥的使用，減少用水及能源。

(二)運輸：選擇當地食材，可縮短食物的運輸，降低燃料之使用，減少二氧化碳之排放。

(三)加工：少用加工食品，選擇少包裝，少加工的食材，減少垃圾量。

(四)販售：購買適量的食材，不浪費食物，減少廢棄。

(五)食用：節能，少吃肉及乳製品，以素食為主，採用植物作為糧食可減少能源及水資源的浪費。

(六)廢棄：減少垃圾量，避免焚化與掩埋，減少二氧化碳。

(七)購物：消費者自備環保袋、環保杯與餐具，可減少垃圾量。

二、實踐低碳飲食生活

(一)食物採購

　　人們要有均衡的飲食生活，衛生福利部指引人們每日要選擇六大類食物，五穀根莖類、肉、魚、豆、蛋類、奶類、蔬菜類、水果類、堅果與油脂類，全穀根莖類以選擇糙米、紫米、胚芽米，混合地

瓜、雜糧來煮調，可使食物選擇多樣化，營養素均衡；肉、魚、豆、蛋類中選擇品質優良，碳排放量少至多依序為豆類、白肉、蛋、魚、紅肉，以豆類及白肉來取代紅肉；奶類每日以1～2杯為宜，因家畜在生產奶類過程中排放較多二氧化碳。

蔬菜、水果種植所需投入資源最少，因此以當季、在地的蔬果為低碳最好的食材。每日選擇3種蔬菜2種水果，又稱為每日五蔬果。

每日飲食包括1份堅果種子，少油炸、油煎，炒菜用油量減少。

(二)多喝水

每日飲用2,000～3,000cc的水，自己在家煮水比買包裝水較低碳。

(三)烹調

利用節約能源的鍋具如壓力鍋、炒鍋、蒸煮兩用鍋、烤箱，使用直接能源來烹調如瓦斯加熱比使用電力更低碳。

(四)少鹽、少油、少糖

減少鹽、油、糖之使用，身體健康。

(五)吃適量的食物

不宜過量，也不採買太多食材以避免廚餘過多。

(六)將廚餘做好利用

廚餘積存做成有機肥料。

三、碳減量標籤

英國政府是全世界最早推出碳標籤的國家，是指公司所生產的產品從原料取得，經過工廠製造、配送、銷售及消費者使用到廢棄回收所產生的溫室氣體，經過換算為二氧化碳當量總和。碳標籤是將產品的碳足跡呈現在消費者前，讓消費者看了標籤之後對碳足跡之多寡作出購買貨品的選擇。

近年來人們追求健康，基於健康、養生、宗教信仰、環保等因素下，吃素的人口逐漸增加。

一、素食的分類

素食可分爲全素、半素、部分素、蛋素、奶素、蛋奶素。

(一)全素：只吃植物性食物，戒蔥、韭菜、洋蔥、蕗蕎、蒜等辛辣食物。

(二)半素：不吃紅肉、其他食物均可食用。

(三)部分素食：三餐中選擇一餐或兩餐吃素，或只在農曆的初一及十五吃素。

(四)蛋素：吃植物性食物及蛋類，戒或蔥、蒜、韭菜、洋蔥、蕗蕎。

(五)奶素：吃植物性食物及奶類，戒蔥、蒜、韭、洋蔥、蕗蕎。

(六)蛋奶素：吃植物性食物、蛋類及奶類。

二、素食食材

素食食材依所含的營養成分可分爲高蛋白、高醣類、高纖維、堅果類。

(一)高蛋白：高蛋白的食材又分爲豆製品、素肉製品、麵筋製品。

　1.豆製品

　以黃豆爲材料，先磨成豆漿，再製成各種加工品如豆腐、豆皮、素雞、千張、百頁等。

　2.素肉

　將黃豆抽出油脂，再經高溫、高壓，擠出具有纖維狀的黃豆蛋白質，可塡加不同香料，做出不同風味與形狀的素肉。

　3.麵筋製品

　將小麥麵粉加水揉成麵糰，再經洗的程序，製作出來如麵筋、麵腸、油麵筋泡。

(二)高醣：高醣類分為高澱粉的根莖類、粉類製品。

  1.根莖類

    如番薯、山藥、芋頭、馬鈴薯、南瓜、菱角、荸薺等根莖類。

  2.粉製品

    由根莖類米、玉米等磨成粉後加工製成，如粉皮、涼粉、米粉等。

(三)高纖維：高纖維的食物有蔬葉類、水果類、菇類、蒟蒻。

  1.蔬菜類

    依食用部位不同可分為根菜類、莖菜類、葉菜類、花菜類、果菜類、種子及豆類等含高纖維素。

  2.水果類

    各種新鮮及乾果等。

  3.菇類

    各種菇類如香菇、金針菇、秀珍菇、洋菇、草菇、柳松菇、鴻喜菇、猴頭菇、鮑魚菇等。含有豐富的蛋白質、醣類及膳食纖維。

  4.蒟蒻

    蒟蒻為球根類食物，主要成份為D-甘露糖和D-葡萄糖，將它磨粉、乾燥、除去澱粉後，加鹼作用在12分鐘後黏度會產生變化，形成凝膠。將它加入素肉、香菇，可製成各種不同的素食，水分含量高，熱量低。可治療便祕，預防肥胖並減重。

(四)堅果類

    如芝麻、腰果、開心果、杏仁果、核桃仁、瓜子、南瓜子、花生等。

三、吃素常罹患的營養缺乏現象

    長期吃素的人，如果沒有動物性食物的補充，常會有維生素與礦物質缺乏的現象。

(一)維生素缺乏：一般會有維生素B_{12}與維生素D缺乏

  1.維生素B_{12}

由於維生素B_{12}在動物性食物才有，建議吃素者可多攝食藻類食品，否則易造成惡性貧血。

2.維生素D

缺乏維生素D易造成骨質疏鬆，吃素者可補充維生素D補充劑或飲用奶類。

(二)礦物質缺乏

1.鈣

鈣質是建構骨骼及牙齒的主要成分，維持心臟正常收縮、控制神經感應。長期吃素，骨骼密度會降低，可由喝牛奶來補充。

2.鋅

鋅缺乏時，免疫球蛋白低，嚴重缺乏易導致生殖器官發育不全。

3.鐵

鐵為構成血紅素重要成分，缺鐵會造成貧血，多攝取維生素C的食物可協助鐵的吸收。

五、素食的食品安全

素食常因添加了添加物導致食品安全出問題。

(一)過氧化氫：常加在豆類及麵筋產品，在衛生法規中不得檢測出來。

(二)亞硫酸鹽類：為使素食食品變白常加入但不得大於0.03公克／公斤，吃多易過敏。

(三)亞硝酸鹽類：作為保色劑，不得含有易致癌。

(四)硼酸：為增加素食食品的脆度及韌性常加入製品中，添加多了會食慾減退、嘔吐、腹瀉、皮膚紅疹。

五、吃素的人如何有健康身體

吃素的人最好吃蛋素或蛋奶素，就可以避免身體缺乏維生素與礦物質，更由於吃素不會有膽固醇過高的現象，將會使身體更健康。

附錄一

食品添加物使用範圍及限量

（請見http://law.moj.gov.tw/LawClass/LawContent.aspx?pcode= L0040084）

附錄二

食品器具之衛生標準

食品安全問題是近年來重視的社會問題，食物經製備後均需盛裝於容器內，各種食品容器均有標準及溶出試驗，行政院衛生福利部訂定其標準如下表所示。（請見https://consumer.fda.gov.tw/Law/Detail.aspx?nodeID=518&lawid=107）

Note

國家圖書館出版品預行編目資料

食物製備原理／黃韶顏，曾群雄，倪維亞合
著. -- 二版. -- 臺北市：五南圖書出版股
份有限公司, 2024.08
面；　公分
ISBN 978-626-393-597-6（平裝）

1.烹飪　2.食物

427　　　　　　　　　113010800

1L88

食物製備原理

作　　者 ─ 黃韶顏（296.6）曾群雄　倪維亞

企劃主編 ─ 黃惠娟

責任編輯 ─ 魯曉玟

封面設計 ─ 封怡彤

出 版 者 ─ 五南圖書出版股份有限公司

發 行 人 ─ 楊榮川

總 經 理 ─ 楊士清

總 編 輯 ─ 楊秀麗

地　　址：106台北市大安區和平東路二段339號4樓

電　　話：(02)2705-5066　　傳　真：(02)2706-6100

網　　址：https://www.wunan.com.tw

電子郵件：wunan@wunan.com.tw

劃撥帳號：01068953

戶　　名：五南圖書出版股份有限公司

法律顧問　林勝安律師

出版日期　2015年9月初版一刷
　　　　　2024年8月二版一刷

定　　價　新臺幣320元

經典永恆・名著常在

五十週年的獻禮 —— 經典名著文庫

五南，五十年了，半個世紀，人生旅程的一大半，走過來了。
思索著，邁向百年的未來歷程，能為知識界、文化學術界作些什麼？
在速食文化的生態下，有什麼值得讓人雋永品味的？

歷代經典・當今名著，經過時間的洗禮，千錘百鍊，流傳至今，光芒耀人；
不僅使我們能領悟前人的智慧，同時也增深加廣我們思考的深度與視野。
我們決心投入巨資，有計畫的系統梳選，成立「經典名著文庫」，
希望收入古今中外思想性的、充滿睿智與獨見的經典、名著。
這是一項理想性的、永續性的巨大出版工程。
不在意讀者的眾寡，只考慮它的學術價值，力求完整展現先哲思想的軌跡；
為知識界開啟一片智慧之窗，營造一座百花綻放的世界文明公園，
任君遨遊、取菁吸蜜、嘉惠學子！